BJD 娃娃化妆术全解析

天霸　编著

人民邮电出版社

北　京

图书在版编目（CIP）数据

BJD娃娃化妆术全解析 / 天霸编著. -- 北京 ：人民邮电出版社，2020.8
ISBN 978-7-115-54007-2

Ⅰ．①B… Ⅱ．①天… Ⅲ．①化妆－基本知识 Ⅳ．①TS974.1

中国版本图书馆CIP数据核字(2020)第083601号

内 容 提 要

BJD 即球形关节人偶，以其精致美型的外观、关节可动的特点受到欢迎。一般认为化妆是人类特有的美化自己的动作，但在本书中这种固有思维会被打破。通过化妆，BJD 也可以达到"改头换面"的效果。

本书是 BJD 化妆师天霸首本 BJD 化妆教程图书，作者总结了多年从业经验，详细地为读者讲解了 BJD 化妆的准备工作、所需工具，并展示了 4 种类型共 10 个妆面的完整化妆过程，包括：活力正太妆面、软萌萝莉妆面、古风美人妆面、流泪少女妆面、温柔绅士妆面、气场女王妆面、白化妖姬妆面、络腮胡男性妆面、欧美系浓妆美女妆面、梦幻人鱼妆面。这些妆面案例满足了不同性别、不同年龄设定和不同风格的 BJD 的化妆需求，读者可以融会贯通，学会打造更多妆面。书中还分享了 3 种不同风格的树脂眼的制作方法，配合精致的妆面，令 BJD 焕发出无与伦比的魅力。

本书适合想要为自己的 BJD 孩子化妆的"娃爹""娃妈"购买学习，也适合 BJD 化妆师、BJD 从业者参考、借鉴，如果您喜欢美好的事物，或是时尚、动漫、玩具行业的从业者，本书也可供您收藏、参考和借鉴。

◆ 编　著　天　霸
　责任编辑　魏夏莹
　责任印制　陈　犇

◆ 人民邮电出版社出版发行　　北京市丰台区成寿寺路 11 号
　邮编　100164　　电子邮件　315@ptpress.com.cn
　网址　https://www.ptpress.com.cn
　北京九天鸿程印刷有限责任公司印刷

◆ 开本：889×1194　1/16
　印张：8.5　　　　　　　　　　　2020 年 8 月第 1 版
　字数：218 千字　　　　　　　　2025 年 2 月北京第 16 次印刷

定价：89.00 元
读者服务热线：**(010)81055296**　印装质量热线：**(010)81055316**
反盗版热线：**(010)81055315**

Contents
目 录

Chapter 01

化妆前的准备及化妆所需工具

　　在画娃之前需要先准备工具，并且了解其使用方法和技巧。我所用的工具都是自己觉得顺手、合适的，我会在本章中进行介绍。当然，画娃时肯定还会用到其他的工具，以便打造更多的妆面，在准备工具时挑选自己认为顺手、合适的即可。

1. 化妆前所需材料

　　化妆前我们需要将头模清洁干净并给它打底，而这两个步骤分别需要用到稀释剂和消光，接下来将介绍这两种材料的使用方法。

■ 稀释剂

　　稀释剂用于卸掉娃头上的旧妆，它可和模型漆混合，以调制放于喷笔中使用的颜料。

■ 消光

　　给娃化妆之前需喷一层消光打底，防止头模吃色，也能更好地吸附后续上的色粉。

注意：在化妆之前需要喷一次消光打底，之后每化好一层妆都需要再喷一次消光定妆。

2. 化妆时所需笔刷

1-3 为修剪笔刷，5-10 为套刷，11-13 为勾线笔，4 和 14 为细节刷

准备笔刷时可按照用途将其分为 3 类。首先准备一套球关节娃娃（Ball Joint Doll，简称 BJD）娃妆套刷，这套刷能满足基础需求；其次是细节笔刷和勾线笔，根据所画细节的不同可准备不同型号的勾线笔；最后根据化妆所需将笔刷做简单修剪，让笔尖的形状更适合化妆。

■ 套刷

我用的是阿芙罗蒂特的 BJD 套刷，总共有 6 支，当然，你也可以买自己用着顺手的人用化妆刷。最好备两套刷子，按照上色时色粉的冷暖色分开使用。如果每次冷暖换色时，能将刷毛上残余色粉清理干净，用一套也行。

大刷子
用来蘸白色色粉，给需要画线的区域大面积打底。

大圆头刷
用来上两颊腮红，或给额头泛红等处大面积上色。

小圆头刷
用来给鼻尖、下巴、耳垂等需要小范围上色的区域上色。

圆头扁刷
用来给上下眼睑、嘴唇等细节上色。

平头扁刷
用来刷大致的眉形和双眼皮以及卧蚕、山根等的阴影。

短毛扁刷
用来刷眼线，刷毛硬且扎得比较紧，适合用于小面积着重上色。

■ 细节笔刷

美甲拉线笔
此笔笔尖细长，弹性极佳，画出来的线细长且柔软，最适合画毛发。

>>> 尼龙勾线笔

用尼龙纤维做成的笔毛弹性强，耐摩擦，可用于调色和擦去眼眶周围杂乱的线条等，笔刷修剪后可以用来添加肌理。

>>> 面相笔

我一般选用榭得堂 00000 号面相笔。网上批发价购买只需要 20 多元 100 支，用分岔就扔，不心疼。这种笔极细，笔尖长度适中，容易掌控，最适合画眼线、胡须、小牙等细节。

>>> 短毛面相笔

毛短且毛质较硬，用于擦掉溢出唇缝外的颜料。

>>> 小细节刷

用于提亮眼头及卧蚕。

>>> 长毛细节刷

用于画眼睑、唇部的细节等。

■ 修剪笔刷

在给娃化妆时有些妆面或细节需要用到笔尖呈现特殊形状的笔，而市面上无法直接购买到理想的刷子。这种情况下，大家可以根据自己的需要购买类似的刷子，之后再自己修剪。

>>> 修剪过的细节刷

可用于刷眼线尾部的细节，修饰眉形等。

3. 化妆时所需颜料与色粉

■ 申内利尔色粉

申内利尔色粉粉质软，颜色纯度高，且色粉能长期保持原有的亮度与强度。在购买时可以选择人物色，此色很适合给娃头上色。可以购买 120 色套装或人像 40 色的套装，也可根据自己的需要购买单只色粉。

■ 吉祥颜彩

此颜彩为固体颜料，方便携带和收纳，购买 12 色即可，需要其他颜色时可用 12 种颜色调和混色，在 BJD 娃妆中常用于画毛发。此颜彩溶于水，画错的部分可以用棉签蘸水擦掉，方便修改。

注意，如果用颜彩画线，画之前都需要先用色粉打底，否则画不上去。

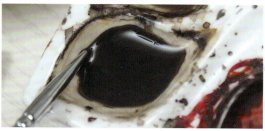

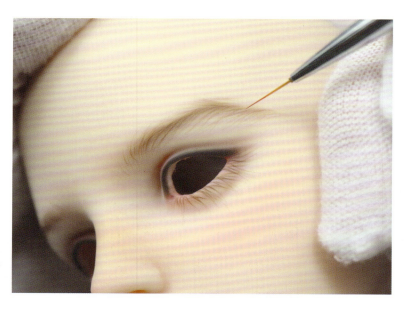

■ **高登液体丙烯**

在 BJD 娃妆中丙烯可用于画毛发、皮肤肌理，画好以后不能修改，但其覆盖力比颜彩强，多用于加深毛发深色部分、添加白色线条细节、初步定妆后添加皮肤肌理。

4. 美化妆面所需工具与材料

■ **假睫毛**

妆面化好之后，可为头模贴上睫毛，增加妆面完成度，使其更加精致好看。BJD 娃妆所用的睫毛就是人用的假睫毛，选购时最好选短一点的自然款。

■ **牛头白胶**

牛头白胶是一种黏合剂，它在湿润时呈白乳状，干后呈透明状。在 BJD 娃妆中，牛头白胶用于贴假睫毛和脸上的钻饰，既能牢固地粘贴，又不会留下明显的胶水痕迹破坏妆面。

■ 郡仕 GX100 光油

给妆面添加光泽透亮的细节，多用于涂下眼睑、嘴唇，还可用于画眼泪。

■ 偏光魔镜粉

一般用于给妆面添加高光。

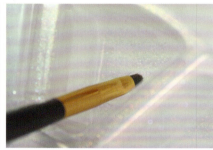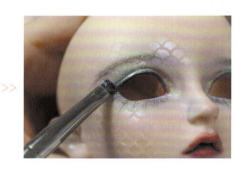

■ 珠子

漂亮的珠子可用于装饰妆面。

■ 气吹

挤压后面的黑色气囊会产生强风，每次上色粉后，可用于吹掉娃脸上多余的色粉。

■ 线剪

线剪是一种小巧方便的剪刀，用于修剪画笔、刷子，以及剪断假睫毛。

■ 镊子

在需要粘贴小物体时，可用镊子夹取。在 BJD 娃妆中用于辅助贴假睫毛和脸上的钻饰。

活力正太妆面

软萌萝莉妆面

古风美人妆面

Chapter 02

无肌理妆面案例·精致得像白瓷一样

这一类妆面不用画出皮肤的肌理，整体妆面如瓷娃娃般干净透亮。用色粉上色时要突出腮红、嘴唇、眼影、眼线和眉形，使眉毛和睫毛的线条整齐有序，不用画得太过复杂。

1. 活力正太妆面

这个妆面要表现出男孩儿的活力。男孩儿脸颊上通常不会有太粉嫩的红晕，可以选偏橘的肉红色画腮红，嘴唇也是。画出的眉毛较粗。鼻梁和两颊中间的区域多上一些深点的肉橘色，画出男孩儿脸上的晒痕。

妆面整体色调偏肉橘，没有肌理。

底妆

上底妆前须知

底妆上色分暖色和冷色，两颊、鼻尖、下巴、额头、上下眼睑上暖色；鼻根两侧、鼻翼、唇底上冷色。

上妆前先给素头喷一次消光。

两颊、鼻尖、下巴、额头、上下眼睑用粉色打底，目的是画出脸上的红晕。

鼻根两侧、鼻翼和唇底用蓝紫色打底，目的是塑造出脸部青筋等部位的效果。

喷消光的注意事项

消光气味比较大，要在通风良好的地方喷。喷完后将娃头静置，待消光干透再进行下一个步骤。底妆上妆前都需要喷消光，每层妆面完成后，也要喷消光定妆。

对准头模喷消光。　　喷出的消光形成雾气。　　静置，待消光干透。

   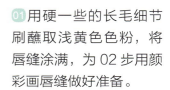

01 用硬一些的长毛细节刷蘸取浅黄色色粉，将唇缝涂满，为 02 步用颜彩画唇缝做好准备。

02 用颜彩中的胭脂色和黑色混合调出深红色作为唇缝的颜色，用勾线笔蘸取深红色涂满整个唇缝。如将颜彩涂过界，则等颜彩干透后，再用短毛面相笔蘸清水进行擦除和清理。

03 底妆第一步，用粉色画出脸上的红晕。用大圆头刷蘸取少量粉色色粉，扫两颊、鼻尖、下巴、额头，用小圆头刷扫上下眼睑。上妆前可以将蘸有色粉的刷子在桌边敲一敲，抖落多余色粉，这样晕染的时候会更均匀。

04 底妆第二步，用蓝紫色画出脸部阴影，用圆头刷蘸取蓝紫色色粉，扫在鼻根两侧、鼻翼和唇底。

暖色底妆上色区域示意图 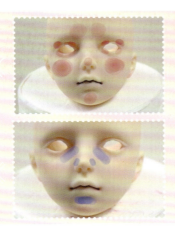 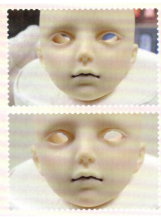 暖色底妆实际效果
肤色红润

冷色底妆上色区域示意图 冷色底妆实际效果
脸部立体

  底妆效果

05 用短毛面相笔蘸清水，擦掉之前涂在唇缝外的颜彩，一定要等唇缝里的颜彩完全干透后再擦。

第一层妆

眉头和眼线的上色区域示意图   眉头和眼线的上色效果图

01 用平头扁刷蘸取棕色
色粉，扫出大致的眉形。

02 用小圆头刷蘸取少许肉色色粉，晕
染眉头。

03 用短毛扁刷蘸取深墨绿色色粉，在上眼睑处扫出眼线，男孩儿的
眼线不用扫出眼尾，短一点即可，不用太明显。

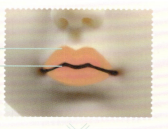

外圈颜色浅 →
内圈颜色深 →

嘴唇上色示意图

嘴唇上色效果图

← 卧蚕高光在上
← 卧蚕阴影在下

卧蚕上色示意图

04 用圆头扁刷蘸取肉红色色粉，扫在唇缝周围。

05 继续使用圆头扁刷，先在纸巾上擦掉刷子上残留的色粉，再蘸取肉色色粉，涂在嘴唇外侧，和 04 步的肉红色晕染均匀。

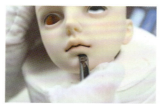

06 用平头扁刷蘸取暖灰色色粉，扫在卧蚕下方、嘴唇底部，加深卧蚕和嘴唇的阴影，使其更立体。

07 用修剪过的细节刷蘸取浅黄色色粉，扫在眼头，提亮卧蚕。

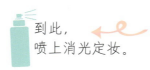

到此，
喷上消光定妆。

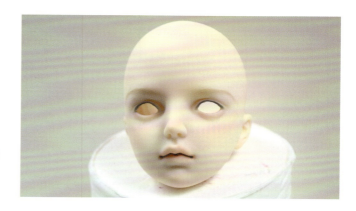

第二层妆

等第一层妆的消光干透之后就可以开始用颜彩化第二层妆了，在用颜彩上色前，需用色粉打底，这样颜彩才能着色。

01 用毛长且松软一点的大刷子，蘸取白色色粉厚厚地涂眉毛、睫毛、唇纹等所在位置，为第二层妆打底。

眉毛生长方向示意图

眉毛绘制效果图

按照眉弓骨的外形，可将眉毛的生长分3个方向，眉头至眉峰处的眉毛向上生长，眉峰处的眉毛向下生长，眉峰至眉尾处的眉毛稍水平。

第一层深一些

第二层浅一些

第三层再浅一些

下睫毛要分3层勾画，由深到浅，由粗到细，层层叠加，使其显得浓密。

   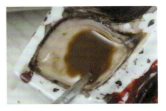

02 用黑色、岱赭色和黄土色3种颜色调出棕色，调色时可多调一些，以用于画眉毛和睫毛。

  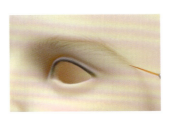 

03 如图所示，先用美甲拉线笔按照眉毛的生长方向画一层眉毛，再在眉毛的空隙处添加更多的毛发细节，让眉毛显得浓密。

  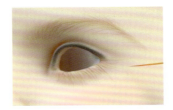

04 不换笔，先画出下睫毛的基本走向，再在基本走向上添加更多的毛发细节。

05 最后用勾线笔蘸清水，擦去下眼睑处不规整的睫毛。

06 用胭脂色和黄土色调出唇纹的红色。

07 先用美甲拉线笔画出唇纹的基本走向。

第一层唇纹走向示意图

08 在07步画出的基础唇纹上，添加更多浅色的唇纹细节。

第二层唇纹走向示意图

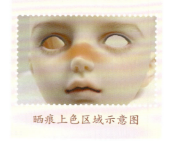

09 用小圆头刷蘸取浅棕色色粉，扫在鼻梁至下眼睑区域，画出男孩儿常在阳光下玩耍晒出的晒痕。

晒痕上色区域示意图

10 用圆头扁刷蘸取深粉色色粉，扫在眼角和外眼角处。

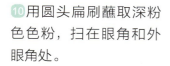

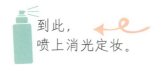
到此，喷上消光定妆。

第三层妆

等第二层妆的消光干透后，就可以开始画了。步骤和第一层妆相似，只是需要选择性地叠加颜色。

01 用大刷子蘸取大量白色色粉，扫在待会儿需要画线的部位，如睫毛、眉毛、唇纹处。

    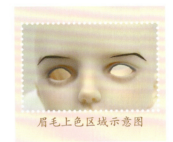

眉毛上色区域示意图

02 用平头扁刷蘸取深棕色色粉，扫在眉毛中心，也就是毛发交叉的地方。

03 用平头扁刷蘸取暖灰色色粉，扫在卧蚕下方、嘴唇底部和双眼皮褶子内。

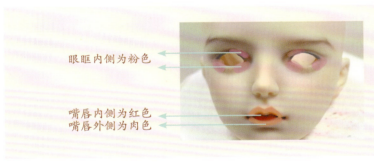

眼眶内侧为粉色

嘴唇内侧为红色
嘴唇外侧为肉色

眼睛的上妆区域主要是在眼眶内侧，让上下眼睑呈现粉色；嘴唇上妆需要展现颜色深浅的变化，内侧颜色深，外侧颜色浅。

04 用圆头扁刷蘸取肉色色粉，扫在嘴唇外侧。

05 用圆头扁刷蘸取红色色粉扫在唇缝周围，将两种颜色晕染均匀。

06 用长毛细节刷蘸取粉色色粉，扫在眼睑周围。

07 用短毛扁刷和修剪过的细节刷蘸取深棕色色粉。用短毛扁刷画出眼线主体，用修剪过的细节刷勾勒出眼线尾部。

08 用黑色、岱赭色和黄土色调出眉毛的颜色，少加点水，让颜色浓一些。用美甲拉线笔先画出眉毛大体走向，在大体走向的基础上添加更多的毛发细节，画线时不要完全覆盖眉毛的第一层线条，要让眉毛层次多一些。

09 睫毛同理，先画出大体走向，再根据第一层的走向添加更多的细节，但不要完全覆盖第一层的线条。

10 用勾线笔蘸清水，侧锋擦掉睫毛根部杂乱的线条。

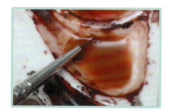  

11 用黄土色和胭脂色调出唇纹的红色，在之前所画唇纹的基本走向上，添加更多线条细节。到此，第三层妆就完成了，可以喷消光了。

 到此，喷上消光定妆。

妆面收尾

01 等第三层妆的消光干透后，用面相笔顺着眼睑的走向涂一层光油。

02 用面相笔顺着唇纹的走向涂一层光油。每次下笔都要一笔画成，不回笔，因为反复涂抹可能会溶掉消光，进而导致脱妆。

03 准备棕黑混色的睫毛，用镊子夹住睫毛，与眼眶的长度进行对比，再剪去多余部分，最后用大拇指薅掉睫毛根部原有的胶水，放在一边备用。

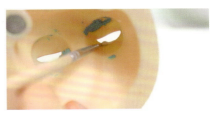

04 先将适量牛头白胶挤在任意硬质物体上，等牛头白胶稍微凝固后，用勾线笔挑起约黄豆大小的量，从娃头内，由里向外均匀地涂在上眼眶处。

05 用镊子夹起修剪好的睫毛，放入眼眶。男孩儿的睫毛不用太翘，可以用镊子调整睫毛根部，将其压低一点。

06 最后再挑一大块牛头白胶，从娃头内涂在刚刚贴好的睫毛根部，牛头白胶干透后就能牢牢固定住睫毛了。到此，妆面就完成了。

2. 软萌萝莉妆面

　　这是最常见且最万能的妆面类型之一，不仅适合画在四六分的小孩儿型头模上，稍微调整眉形以后，三分及以上的姐姐型、大叔型头模也能用这种画法，可体现温柔、恬静、淡然的气质。

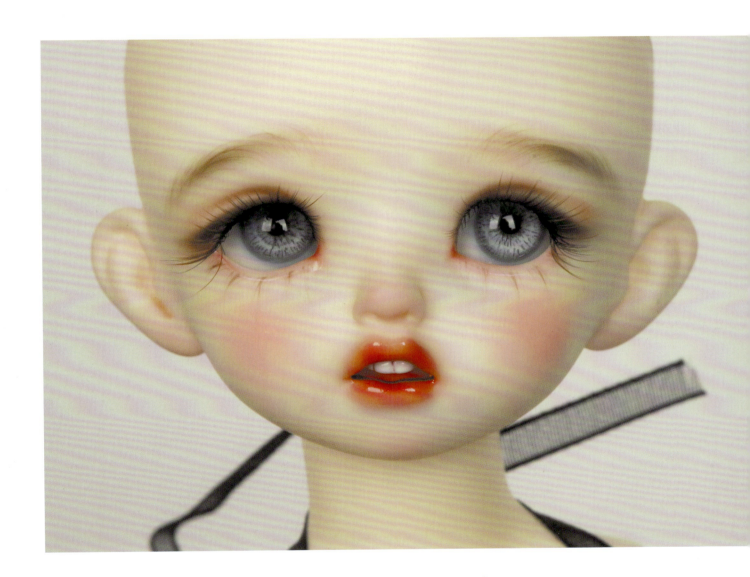

底妆

先画好唇缝，再分暖色和冷色打底，喷上消光定妆，待消光干透后再上底妆。

底妆具体步骤如下。

1. 用大圆头刷蘸取粉色色粉刷在上下眼睑、鼻尖、下巴和两颊处。

2. 蘸取黄色色粉刷在鼻梁、下巴上方和颧骨的位置。

3. 用修剪过的细节刷蘸取深棕色色粉画出往下垂的眼线。软萌萝莉多数拥有无辜大眼，往下垂的眼线更适合她们。

深棕色

黄色

粉色

粉色、黄色上色区域及眼线上色示意图

第一层妆

软萌萝莉的眉形多是平眉或略呈八字形，这样会显得更可爱。

萝莉眉形示意图

嘴唇的红色由内到外，由深到浅变化。

红色与肉红色上色区域示意图

01 用平头扁刷蘸取浅灰色色粉，刷出大致的眉形。

02 用长毛细节刷蘸取肉红色色粉刷在嘴唇外侧，再用肉粉色色粉勾勒一下唇形，两种色粉要均匀晕染。

03 用长毛细节刷蘸取红色色粉刷在嘴唇内侧。

04 用大刷子蘸取白色色粉，扫在眉毛、睫毛所在位置。

05 用黄土色、黑色和岱赭色调出眉毛、睫毛的棕色。

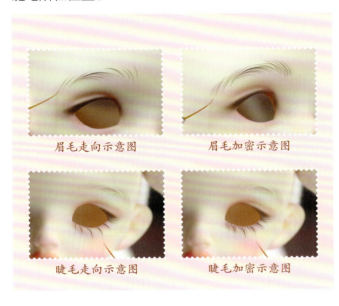

眉毛走向示意图

眉毛加密示意图

睫毛走向示意图

睫毛加密示意图

06 先用美甲拉线笔画出眉毛大体走向，再以画出的大体走向为基础，添加更多的毛发细节。

07 先画出睫毛的大体走向，再以画出的大体走向为基础，添加更多的毛发细节。

08 用勾线笔蘸清水，侧锋擦掉睫毛根部杂乱的线条。用圆头扁刷蘸取红色色粉，画在眼角处。

喷消光前

喷消光后

到此，喷上消光定妆。

第二层妆

01 等第一层妆的消光干透后，用长毛细节刷蘸取暖灰色色粉，加深眉尾，体现眉毛的层次。

02 用修剪过的细节刷蘸取深棕色色粉，加深下垂的眼线尾部和眉尾。

03 用长毛细节刷蘸取肉粉色色粉，分别在脸颊、鼻头和嘴唇外侧上色。

04 用长毛细节刷蘸取红色色粉，给嘴唇内侧上色，并与 03 步的色粉进行均匀晕染。

05 用小圆头刷蘸取粉色色粉加深腮红，第二层妆就到此完成，可以喷消光定妆了。

到此，喷上消光定妆。

第三层妆

01 用榭得堂面相笔蘸取光油，涂满娃的嘴唇和下眼睑。

02 准备棕黑混色的睫毛，用镊子夹住睫毛，与眼眶的长度进行对比，再剪去多余部分，最后薅掉睫毛根部原有的胶水，放在一边备用。

03 挤出适量牛头白胶在硬质物体上，等牛头白胶稍微凝固后，用勾线笔挑起约黄豆大小的量，从娃头内，由里向外均匀涂在上眼眶处。

04 用镊子夹起修剪好的睫毛，放入眼眶，再用镊子调整一下睫毛位置，将睫毛弧度微微上调。

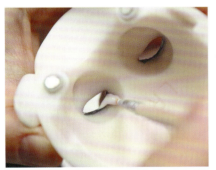  

05 最后再挑一大块牛头白胶，从娃头内涂在刚刚贴好的睫毛根部，牛头白胶干透后就能牢牢固定住睫毛了。到此，这个妆面就完成了。

3. 古风美人妆面

　　女孩儿的古风妆面的颜色通常较厚重，画偏墨绿色的细眉，眼妆、唇妆都用醒目的朱红色，脸上会有花钿装饰。

底妆

上底妆前须知

古风妆容颜色厚重，上底妆时除了用暖色系的粉色和冷色系的蓝紫色之外，还需要在冷暖色交界处上黄色。

暖色上色区域示意图

冷色上色区域和黄色上色区域示意图

01 先用浅色色粉给唇缝打底，再用颜彩调出深红色，用勾线笔蘸取颜彩涂满唇缝。

唇缝上色时即使涂出界也没关系，可以等颜彩干透后，用短毛面相笔蘸清水将出界部分的颜彩擦掉。

02 用大圆头刷蘸取粉色色粉，分别刷在两颊、鼻头、下巴、耳垂和上下眼睑的位置。用平头扁刷蘸取粉色色粉，在双眼皮的位置画线。

03 用小圆头刷蘸取蓝色色粉，扫在泪沟、鼻翼和下巴处。

04 用小圆头刷蘸取黄色色粉，扫在颧骨处，还有蓝色色粉与粉色色粉的交界处。

到此，喷上消光定妆。

红棕色、深红色、黄色的上色区域示意图　　浅棕色和深墨绿色的上色区域示意图

眼妆须知

古风眼妆以红色为基调，颜色要深、要正。在向边缘或亮部过渡时要加黄色，眼影和眼线末端需要向上扬。

01 用长毛细节刷蘸取红棕色色粉，刷在眼尾后半部分，收尾时向上提笔，拖出向上翘的尾巴。

02 用平头扁刷蘸取黄色色粉，刷在 01 步的红棕色外围，将两种颜色晕染均匀。

03 用长毛细节刷蘸取深红色色粉，刷在眼尾后半部分，再和其他颜色晕染均匀。

04 用长毛细节刷蘸取浅棕色色粉，先刷在眼睑的前半段，并与后半部分的红棕色晕染均匀。

05 用短毛扁刷和修剪过的细节刷蘸取深墨绿色色粉，用短毛扁刷刷出眼线主体，用修剪过的细节刷刷出眼尾细节。

06 用平头扁刷蘸取深墨绿色色粉，大体勾勒出眉毛的形状。

古风妆面的眉毛可画为细长的柳眉，眉形细、眉头平、眉峰圆、眉尾下垂。

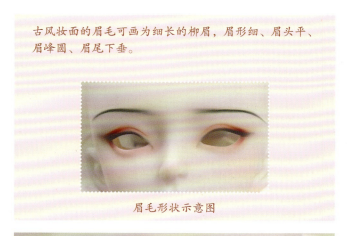

眉毛形状示意图

07 用长毛细节刷和修剪过的细节刷蘸取红色色粉，先用长毛细节刷铺色，再用修剪过的细节刷勾勒唇形。

嘴唇的形状要实一些，红色要正，嘴角颜色要加深。

灰棕色和红色的上色区域示意图

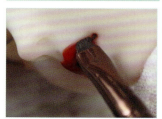

08 用修剪过的细节刷蘸取暖棕色色粉，加深嘴角。

⑨用大刷子蘸取白色色粉，涂在待会儿需要画线的地方，如眉毛、睫毛处。

⑩用颜彩中的岱赭色、黑色、绿青色调出深墨绿色，作为这个妆面的眉毛、睫毛颜色。

⑪先用美甲拉线笔画出眉毛的基本走向。

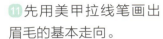
眉毛基本走向示意图

⑫在之前画好的眉毛的基本走向上添加更多的毛发细节。

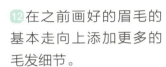
添加眉毛细节示意图

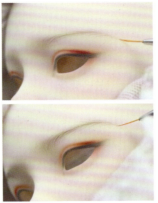

⑬用和眉毛颜色相同的深墨绿色，画出睫毛基本走向；再在画好的基本走向上添加更多的毛发细节。

睫毛基本走向示意图

⑭用勾线笔蘸清水，侧锋擦掉睫毛根部杂乱的线条。

到此，喷上消光定妆。

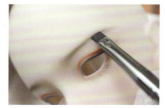

01 用大刷子蘸取白色色粉，刷在待会儿需要画线的地方，如眉毛、睫毛处。

02 用平头扁刷蘸取墨绿色色粉，加深眉毛整体的颜色。

03 用平头扁刷蘸取红棕色色粉，扫在眼尾，和第一层妆的上色区域一样。

04 用平头扁刷蘸取浅棕色色粉，扫在眼睑的前半段，上色区域和第一层妆一样。

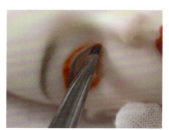

05 用平头扁刷蘸取深红色色粉，扫在眼尾后半部分和眼头。

06 用短毛扁刷和修剪过的细节刷蘸取深墨绿色色粉，用修剪过的细节刷加深眉尾后半段的颜色；用短毛扁刷先加深眼线，再用修剪过的细节刷画眼尾。

07 用圆头扁刷蘸取红色色粉，再加深一遍之前勾勒好的唇形。

08 用绿青色、岱赭色和黑色调出深一些的墨绿色，先用美甲拉线笔加深表示睫毛基本走向的线条，再勾画剩下的毛发细节。

到此，喷上消光定妆。

第三层妆

01 挤出黄豆大小的红色液体丙烯，用面相笔蘸取高登液体丙烯，在额头和脸颊画上花钿，并延伸一下眼头。

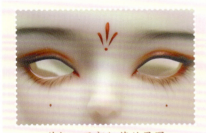

花钿、眼部细节效果图

到此，喷上消光定妆。

02 用平头扁刷蘸取偏红色的偏光魔镜粉，厚厚地铺在眼尾末端。

03 用面相笔顺着眼睑的走向涂一层光油。

04 准备两对黑色的睫毛，用镊子夹住睫毛，与眼眶的长度进行对比，再剪去多余部分，最后薅掉睫毛根部原有的胶水，放在一边备用。

05 先将适量牛头白胶挤在硬质物体上，等牛头白胶稍微凝固后，用勾线笔挑起约黄豆大小的量，从娃头内，由里向外均匀涂在上眼眶处。用镊子夹起修剪好的睫毛，放入眼眶，这层睫毛可以翘一点。

06 待第一层睫毛胶干透后，再挑一些牛头白胶，均匀涂抹在第一层的睫毛根部。用镊子夹起第二层睫毛，放入眼眶，第二层睫毛可以压得比第一层稍低一些，让睫毛整体更有层次。最后再挑一大块牛头白胶，涂在刚刚贴好的睫毛根部，牛头白胶干透后就能牢牢固定住睫毛了。到此，妆面就完成了。

流泪少女妆面　　　　　　　温柔绅士　　　　　　　气场女王妆面

Chapter 03

轻肌理妆面案例·若隐若现的皮肤肌理

　　这类妆面需要大致表现出皮肤的质感和色彩偏向，如颗粒状的肌理及泪沟，眉弓骨处泛紫，眼眶、眉弓骨上方泛青等细节。

1. 轻肌理底妆的化法

带有轻肌理的妆面，除了脸上会有泛青或泛紫的色块外，还会有很多密集的红色调颗粒小点。想要形成这种小点有两种方法：第一，可以用面相笔一个一个戳出来，但这样很麻烦；第二，可将调好色的颜彩加水，再灌入喷出的喷雾比较细腻的喷瓶内，用喷瓶"喷"出颗粒状肌理，这种方法更简单快捷。

操作如下

用胭脂色、黄土色、黑色调出接近脸部红晕的肉红色，加水灌入喷瓶内。

找一个开阔且通风的地方，一只手持娃头，另一只手拿喷瓶。先面向空中喷两下，等一两秒钟，待喷雾中的大颗粒先落下，再用手拿着娃头，用娃脸去"捞"还飘浮在空中的小颗粒，"捞"颗粒时转动一下手，这样形成的肌理会显得比较均匀、细腻。

01 用圆头扁刷蘸取白色色粉，刷满唇缝，为画唇缝打底。

02 用胭脂色和黑色调出唇缝的深红色，用榭得堂 00000 号面相笔蘸颜彩涂满整个唇缝，稍微涂出界也没有关系，等颜彩完全干透后擦掉即可。

粉色、蓝紫色、肉红色、黄色、青色的上色区域示意图

03 用小圆头刷蘸取蓝紫色色粉，先刷在泪沟及下巴处，再用青色色粉画眼眶外侧。

04 用大圆头刷蘸取粉色色粉，刷在脸颊、鼻头、眉头、耳垂和下巴处。

05 用圆头扁刷蘸取肉红色色粉，刷在双眼皮褶子内、眼角、眼尾和嘴唇处，慢慢向外晕染开。

07 用短毛扁刷蘸取深棕色色粉，刷出眼线的主体。

06 用小圆头刷蘸取黄色色粉，刷在粉色与蓝紫色相交的地方，如颧骨上方。

08 用修剪过的细节刷蘸取棕色色粉，画出一条下垂的眼尾，再和 07 步画的深棕色眼线主体晕染均匀。

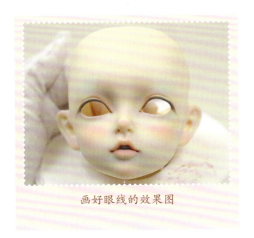

画好眼线的效果图

09 用平头扁刷蘸取暖灰色色粉，刷出卧蚕阴影和山根阴影，突出卧蚕和鼻梁。

10 用小圆头刷蘸取肉色色粉，扫在鼻梁处，将 09 步画出的山根阴影向外晕染。

11 用小细节刷蘸取浅黄色色粉，扫在眼头的位置，提亮眼头。

12 用圆头扁刷蘸取红色色粉，刷在内眼角及嘴唇内侧，再稍微向外晕染。

本章的 3 个轻肌理妆面都可以用上面的步骤上底妆，用色、工具和流程都是完全一样的。

本章 3 个娃头底妆效果图

2. 流泪少女妆面

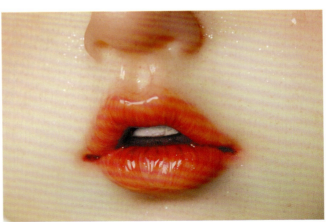

哭泣妆主要表现人伤心流泪时，脸颊泛红，眉头紧皱，泪水滑过脸庞等特征。眉形为八字眉形，嘴唇处的颜彩可以稍微涂过界，眉毛和鼻梁处用长毛细节刷等刷出隐约的皱眉表情纹。

01 用平头扁刷蘸取深棕色色粉，在眉毛的位置刷出八字眉形。

眉形示意图

02 用黄土色、岱赭色和黑色调出毛发的棕色。

眉毛基本走向示意图

添加眉毛细节示意图

03 先用美甲拉线笔画出眉毛生长的基本走向。

04 再在 03 步的基本走向上添加更多的毛发细节。

 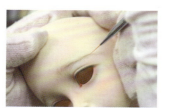

加深部位如图所示，已用红线标出。

05 在刚调好的棕色颜彩中加入黑色颜彩，将颜彩调成更浓的黑棕色，用来加深眉毛中部，如不同方向的毛发交叉的地方。

06 先用美甲拉线笔画出睫毛的基本走向。

07 再在 06 步的基本走向上添加更多的毛发细节。

加深睫毛根部示意图

08 在调好的棕色颜彩中加入更多的黑色颜彩，将颜彩调成更浓的黑棕色，用来加深基本走向的睫毛根部，不用每一根线条都加深。

09 用勾线笔蘸清水，擦去睫毛根部杂乱的线条。

到此，喷上消光定妆。

第二层妆

待第一层妆的消光干透后再上第二层妆，上妆前先用白色色粉在眉毛、睫毛处打底。

01 用大圆头刷蘸取青色色粉，在外眼角、眉弓骨、嘴角下方轻轻刷一层，在这些地方刷上青色色粉能让皮肤看上去更细腻。

02 用小圆头刷蘸取蓝紫色色粉，刷在泪沟、下巴和鼻翼处，让脸部更有立体感。

03 用大圆头刷蘸取粉色色粉，在眉头、脸颊、下巴和鼻尖处刷一层，让皮肤更红润。

04 用圆头扁刷蘸取粉色色粉，给鼻尖、上下眼睑上色，让妆容更红润、细腻。

鼻梁与脸颊上色区域示意图

05 用小圆头刷蘸取肉色色粉，轻轻地刷在鼻梁与脸颊连接处。

06 用短毛扁刷蘸取棕色色粉，先画眼线主体，再向眼尾拖动；加深下眼线外侧。

07 用长毛细节刷蘸取肉红色色粉，刷在嘴唇外侧、眉头、鼻尖、耳垂、眼皮、脸颊上方等处，因为这些部位在哭泣时容易充血泛红。

08 用长毛细节刷蘸取红色色粉，刷在嘴唇内侧，让嘴唇红润且有肉感。

  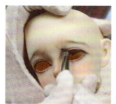 

暖灰色上色区域示意图

09 用平头扁刷蘸取暖灰色色粉，在眉头周围扫出皱眉的阴影。

10 用黄土色、岱赭色和黑色调出接近毛发颜色的棕色，但比第一层妆中的毛发颜色更浓。先加深眉毛基本走向的线条，再加深周围的细节线条。

⑪睫毛也需要加深，先从基本走向的线条开始加深，再加深周围的细节线条。最后在棕色中加点黑色，将颜色调深，再加深睫毛的根部，注意只需要加深基本走向的睫毛。

⑫用勾线笔蘸清水，侧锋擦掉睫毛根部杂乱的线条。

唇纹基础走向示意图　　　唇纹添加线条示意图

⑬用胭脂色、黄土色和黑色调出红棕色，用于画唇纹，先用美甲拉线笔画出唇纹基本走向，再在基本走向的基础上添加更多的线条细节。

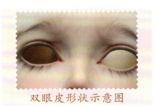

双眼皮形状示意图　　　　　　　　　　　　喷消光前　　　　　　喷消光后

⑭用画毛发的棕色颜彩画出双眼皮的线条，表现出皱眉哭泣时眼皮的形状。

到此，喷上消光定妆。

第三层妆

①等第二层妆的消光干透后，用面相笔蘸取白色液体丙烯，把牙齿涂白。

注：没有牙齿的娃头不用进行这个步骤。

淡黄色线条分布区域示意图

02 用红色、白色、黄色调出淡粉色，用榭得堂 00000 号面相笔蘸取调好的淡粉色，提亮下眼头。再用美甲拉线笔在下眼头区域画一些淡黄色睫毛线条。

03 再用红色、黄色、白色调出比嘴唇颜色浅一点的肉粉色，画出唇纹的亮面线条。

肉粉色线条分布区域示意图

到此，喷上消光定妆。

第四层妆

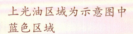

上光油区域为示意图中蓝色区域

上光油后的实际效果

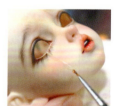

01 等第三层妆的消光干透后，用榭得堂 000 号面相笔蘸大坨的光油，涂在下眼睑、鼻尖和嘴唇上，再画出泪痕。

02 准备两对棕黑混色的睫毛，用镊子夹住睫毛，与眼眶的长度进行对比，再剪去多余部分，最后薅掉睫毛根部原有的胶水，放在一边备用。

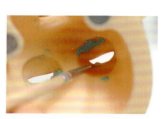

03 先将适量牛头白胶挤在硬质物体上，等牛头白胶稍微凝固后，用勾线笔挑起约黄豆大小的量，从娃头内，由里向外均匀涂在上眼眶处。

04 用镊子夹起修剪好的睫毛，放入眼眶；稍微调整一下，这是第一层睫毛，可以翘一点。

05 待第一层睫毛胶干透后，再挑一些牛头白胶，均匀涂抹在第一层的睫毛根部，用镊子夹起第二层睫毛，放入眼眶，可以将第二层睫毛压得比第一层稍低一些，让睫毛整体更有层次。

06 最后再挑一大块牛头白胶，从娃头内涂在刚刚贴好的睫毛根部，牛头白胶干透后就能牢牢固定住睫毛了。到此，这个妆面就完成了。

3. 温柔绅士妆面

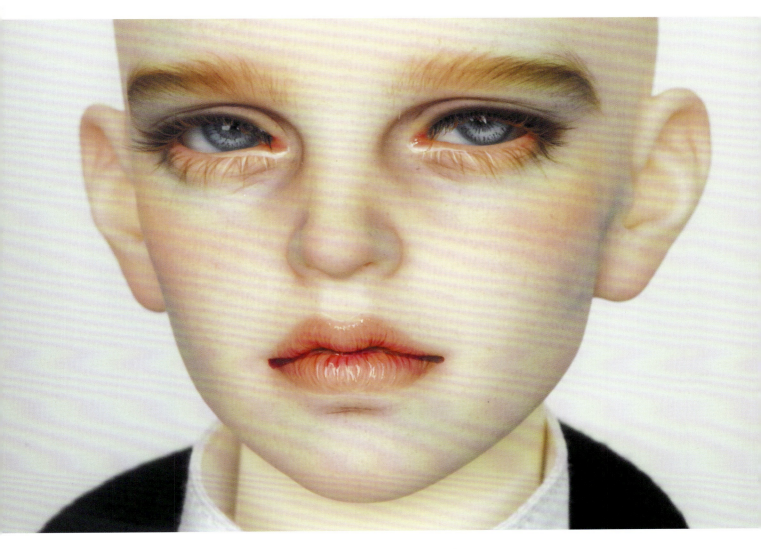

这个妆面表现的是西方面孔，肤白、金色毛发是其特征。绘制这个妆面时主要涉及如何用色粉和化妆刷画出青色血管，同时绘制出的眼妆还需要展现出温柔的神情。

第一层妆

到此，喷上消光定妆。

用轻肌理底妆画法上底妆

眉毛第一层黄色上色区域示意图

眉毛第二层棕色上色区域示意图

01 用大刷子蘸取白色色粉，刷在眉毛、睫毛、唇纹所在位置，为之后的画线打底。

02 用平头扁刷蘸取黄色色粉，刷出眉形。

03 用平头扁刷蘸取棕色色粉，刷在眉毛的中后段，增加眉毛的层次。

娃的眉毛、睫毛都偏黄，用岱赭色、蓝色和黄土色调色时可多加点黄土色，调出黄褐色。

黄土色   +   岱赭色   +   蓝色   =   黄褐色

眉毛基本走向

眉毛第二层走向

眉毛第三层走向

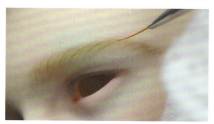

04 先用美甲拉线笔画出眉毛基本走向。

05 在04步画好的眉毛基本走向上，添加更多的毛发细节。

06 最后调一个更深一点的棕色，加深眉毛中部，加深部位如图中红线所示。

这次调出的颜彩用于绘制皮肤的褶皱，颜色应与肤色相似，所以调色时要多加点黄土色，让调出的红褐色偏黄一些。

胭脂色 　　　　　　黄土色 　　　　　　绿青色 　　　　　　红褐色

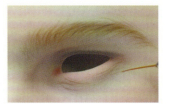 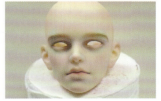

07 用美甲拉线笔蘸取调好的红褐色，画出眼下的皱纹，皱纹分布如图所示。

08 用圆头扁刷蘸取肉色色粉，刷在嘴唇外侧；再用圆头扁刷蘸取肉红色色粉，刷在嘴唇内侧。

  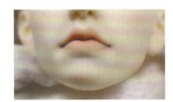

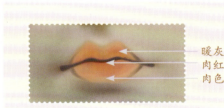

暖灰色
肉红色
肉色

肉色、肉红色、暖灰色上色区域示意图

09 用修剪过的细节刷蘸取暖灰色色粉，刷在嘴角边缘，营造嘴角色素沉淀的感觉。

这次调出的颜彩用于画嘴唇纹理，调色时要多加点胭脂色，让颜色偏红。

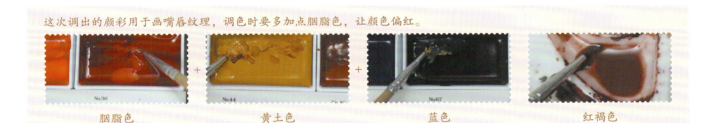

胭脂色 　　　　　　黄土色 　　　　　　蓝色 　　　　　　红褐色

10 先用美甲拉线笔由唇缝向上下两侧画出唇纹基本走向。

11 在唇纹的基本走向上添加更多线条细节，这些细节线要比基本走向线细且浅。

12 最后在颜彩中加入黑色，调出深红色，加深嘴唇内侧的唇纹，如图中蓝线所示。

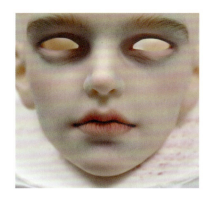
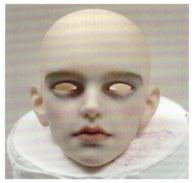

到此,
喷上消光定妆。

第二层妆

等第一层妆的消光干透后,就可以接着画了。先用白色色粉刷在眉毛、睫毛所在的位置,为之后的画线打底。

粉色上色区域示意图

01 用小圆头刷蘸取粉色色粉,刷在鼻尖、脸颊、眉头、下巴、耳垂等容易起红晕的部位。

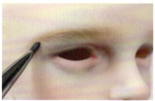

02 用平头扁刷蘸取亮黄色色粉,涂满整个眉毛;再用平头扁刷蘸取棕色色粉,加深眉尾。

03 用小圆头刷蘸取黄色色粉,刷在两颊上方。

04 用黄土色、蓝色和岱赭色调出略深的黄褐色;用美甲拉线笔再加深一下眉毛中后段的线条。

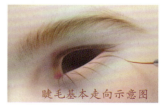

睫毛基本走向示意图

睫毛加密示意图

05 用美甲拉线笔蘸取 04 步中调好的颜彩,先画出睫毛的基本走向。

06 在睫毛的基本走向上添加更多的毛发细节。

07 在 05 步的颜彩中加入黑色，调出更深的褐色，加深睫毛根部。

加深睫毛根部示意图

08 用平头扁刷蘸取棕色色粉，加深眼线，再用粉色色粉画眼角，让眼角呈现粉色。

青色血管走向示意图

青色血管走向示意图

09 用平头扁刷蘸取青色色粉，在太阳穴周围刷出血管的大体走向。

紫色血管走向示意图

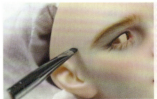

紫色血管走向示意图

10 用圆头扁刷蘸取紫色色粉，刷在 09 步青色血管交接的地方。

11 用平头扁刷蘸取浅黄色，在内眼角处刷色，提亮眼角；再用暖灰色加深泪沟。

到此，喷上消光定妆。

第三层妆

01 用红色、白色、黄色调出淡粉色，用美甲拉线笔蘸取调好的淡粉色，提亮下眼头。在下眼头区域增加淡粉色睫毛线条。

下眼头的淡粉色线条分布示意图

唇部淡粉色线条分布示意图

02继续用淡粉色绘制唇纹，提亮嘴唇。

03用红色、黑色、棕色调出红棕色，用美甲拉线笔蘸取调好的红棕色，画出双眼皮。

到此，喷上消光定妆。

第四层妆

上光油区域示意图

01等第三层妆的消光干透后，就可以上光油了；用面相笔蘸取光油，涂在下眼睑及唇纹基本走向的位置。

02准备棕黑混色的睫毛，用镊子夹住睫毛，与眼眶的长度进行对比，再剪去多余部分，最后薅掉睫毛根部原有的胶水，放在一边备用。

03先将适量牛头白胶挤在硬质物体上，等牛头白胶其稍微凝固后，用勾线笔挑起约黄豆大小的量，从娃头内，由里向外均匀涂在上眼眶处。

04 用镊子夹起修剪好的睫毛，放入眼眶。再用镊子调整睫毛根部，让睫毛整体低一点，男孩儿的睫毛不用太卷翘。

05 等第一层牛头白胶干透后，再挑一些牛头白胶，均匀涂抹在第一层的睫毛根部。再准备黄色睫毛，修剪好后，用镊子夹起第二层睫毛，放入眼眶，可以将第二层睫毛压得比第一层稍低一些，让睫毛整体更有层次。

06 最后再挑一大块牛头白胶，从娃头内涂在刚刚贴好的睫毛根部，牛头白胶干透后就能牢牢固定住睫毛了。到此，妆面就完成了。

4. 气场女王妆面

　　气场女王妆面的颜色是浓郁的黑红两色——眼妆的黑、唇妆的红。化这个妆面时主要会用到黑色挑眉和渐变深红唇妆的画法。

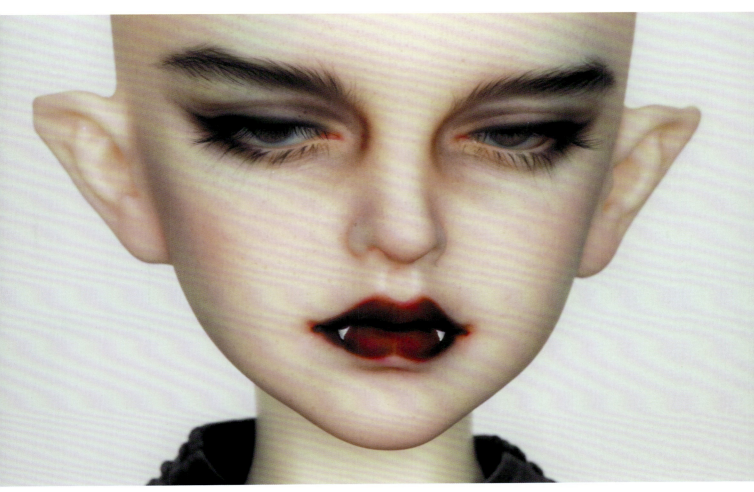

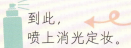

到此，
喷上消光定妆。

用轻肌理底妆画法上底妆

眉形示意图

01 用大刷子蘸取白色色粉，扫在眉毛、睫毛处。

02 用修剪过的细节刷蘸取深灰色色粉，刷出略上扬的剑眉，体现人物的张扬气质。

气场女王妆容较浓，调色时可多加些黑色，将颜色调深一些，用调好的深棕色画眉毛、睫毛。

绿青色 　　　　　　岱赭色 　　　　　　黑色 　　　　　　深棕色

03 用美甲拉线笔蘸取调好的深棕色，先画出眉毛大致走向。

04 再在大致走向上添加更多的毛发细节。

05 在调好的深棕色中再加黑色，调出更深的颜色，用来加深眉毛中后段。

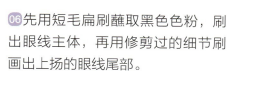

06 先用短毛扁刷蘸取黑色色粉，刷出眼线主体，再用修剪过的细节刷画出上扬的眼线尾部。

07 用小细节刷蘸取浅黄色色粉，提亮眼头。

08 用修剪过的细节刷蘸取暖灰色色粉，刷在卧蚕阴影处。

09 用平头扁刷蘸取红色色粉，根据娃本身的唇形刷出"烈焰红唇"。

10 用修剪过的细节刷蘸取黑色色粉，加深嘴角，让嘴唇更立体。

皮肤褶皱的颜色由胭脂色、黄土色、蓝色调出，胭脂色可多加点，让颜色偏红。

胭脂色　　　　　　　黄土色　　　　　　　蓝色　　　　　　　红褐色

皱纹分布示意图

11 用美甲拉线笔蘸取调好的红褐色，按照皱褶分布示意图勾画出眼下的皱纹和双眼皮。

到此，喷上消光定妆。

第二层妆

01 用平头扁毛刷蘸取黑色色粉，按照眉形刷色，加深眉毛。

02 用美甲拉线笔蘸取调好的深棕色，按照眉毛的生长方向加深眉毛。

03 用短毛扁刷蘸取黑色色粉，加深上眼线。

04 用圆头扁刷蘸取灰紫色色粉，加深下眼睑的后半段。

05 先用白色色粉给睫毛处打底，用黑色和岱赭色调出深棕色，画出睫毛的大体走向。

06 再在大体走向上添加更多的毛发细节。

07 在调好的深棕色中加入更多的黑色，调出更深的深棕色，加深睫毛根部。

08 用勾线笔蘸清水，侧锋擦掉睫毛根部杂乱的线条。

09 用平头扁刷蘸取深红色色粉，均匀地加深整个唇部。

10 用修剪过的细节刷蘸取黑色色粉，给下嘴唇边缘和嘴角处上色，使唇妆更艳。

到此，喷上消光定妆。

第三层妆

01 等第二层妆的消光干透后，就可以接着画了。用修剪过的细节刷蘸取暖灰色色粉，刷在嘴唇下方和双眼皮褶子内，使嘴唇整体更立体，双眼皮更明显。

02 用美甲拉线笔蘸取黑色液体丙烯，再加深一次眉毛中后段的线条。

03 挤一点白色液体丙烯在调色盘上，再用面相笔蘸取丙烯，给娃画上小牙。

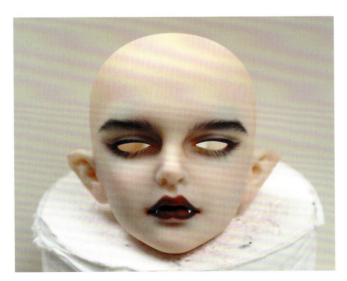 

到此，
喷上消光定妆。

第四层妆

01 准备黑色的睫毛，用镊子夹住睫毛，与眼眶的长度进行对比，再剪去多余部分，最后薅掉睫毛根部原有的胶水，放在一边备用。

  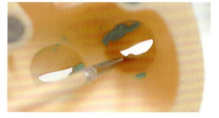

02 先将适量牛头白胶挤在硬质物体上，等牛头白胶稍微凝固后，用勾线笔挑起约黄豆大小的量，从娃头内，由里向外均匀涂在上眼眶处。

03 镊子夹起修剪好的睫毛，放入眼眶，调整睫毛根部，将睫毛整体调低些。

04 最后再挑一大块牛头白胶，从娃头内涂在刚刚贴好的睫毛根部，牛头白胶干透后就能牢牢固定住睫毛了。到此，妆面就完成了。

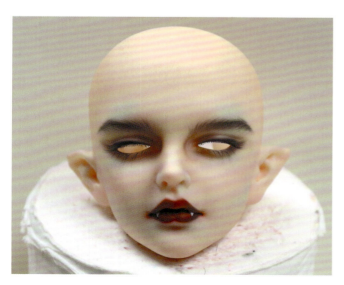 

白化妖姬妆面

络腮胡男性妆面

欧美系浓妆美女妆面

Chapter 04

重肌理妆面案例·凸显真实的皮肤质感

这类妆面着重表现色感及更加复杂的毛发细节。在妆面打底的环节用装有模型漆的喷笔上色，底妆的颜色多，且颜色区域繁复，要控制好上色范围。当然，如果实在没有喷笔和模型漆，则也可以用色粉和刷子上色。

1. 重肌理底妆的上妆工具

①稀释剂
用于稀释模型漆

②模型漆
用于给娃头上色

③尖嘴瓶
储存调配好的给娃头上色的模型漆

④漏斗
方便将模型漆或者稀释剂注入尖嘴瓶中

⑤塑料烧杯
用来调装入喷笔中的模型漆

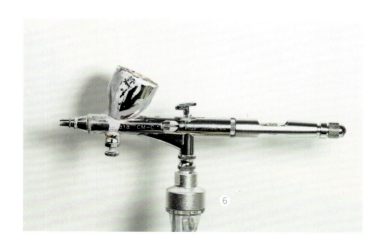

⑥喷笔
装入模型漆后，用于给娃头喷色

2. 重肌理底妆的化法

01 绘制底妆之前先喷一层消光打底,等消光干透后,就可以开始绘制了。

02 用白色和紫色模型漆调出淡紫色。

03 将调好的淡紫色装入喷笔,喷到图示区域。

淡紫色喷涂区域示意图

04 用白色和蓝色模型漆调出淡蓝色,装入喷笔,喷到图示区域。

淡蓝色喷涂区域示意图

05 用白色和青色模型漆调出淡青色,装入喷笔,喷到图示区域。

淡青色喷涂区域示意图

06 用白色和红色模型漆调出粉色,装入喷笔,喷到图示区域,让肤色显得红润。

粉色喷涂区域示意图

淡黄色喷涂区域示意图

07 用白色和黄色模型漆调出淡黄色，装入喷笔，喷到图示区域。

08 降低稀释剂比例，调出稍微浓稠点的红棕色，用喷笔喷全脸；喷出的细密颗粒与皮肤上的肌理相似。

09 调出稍微浓稠点的白色，用喷笔喷全脸，增加面部肌理细节。

到此，
喷上消光定妆。

淡紫色、淡蓝色、淡青色、粉色、淡黄色在脸上的喷涂分布区域如左图，图中颜色深浅不代表实际操作时要喷到这种程度，只是表示颜色的位置分布。

3. 白化妖姬妆面

白化妖姬妆面的特点在于白色毛发及脸上的冷色突出，如青色、紫色、蓝色部分。

用喷笔喷完底妆后可以不用再喷消光，直接上色粉和颜彩。先按前面讲过的步骤填好唇缝，并用白色色粉打好底。

01 用平头扁刷蘸取暖灰色色粉，先画出浅浅的眉毛并加深眼窝。

粉色、蓝紫色、黄色色粉
分布示意图

02 用小圆头刷蘸取粉色色粉，在两颊和鼻头处刷色，让肤色更白皙红润。

03 用小圆头刷蘸取蓝紫色色粉，在泪沟和鼻翼处刷色。

04 用小圆头刷蘸取黄色色粉，在颧骨处上色。

05 用平头扁刷蘸取灰棕色色粉，涂满整个嘴唇。

06 用圆头扁刷蘸取红色色粉，刷在嘴唇内侧，与灰棕色晕染均匀。

07 用短毛扁刷蘸取深棕色色粉，刷出一条上扬的眼线

08 用修剪过的细节刷加深山根阴影。

09 用小圆头刷蘸取肉色色粉，将08步中刷出的山根阴影晕染开，使其更自然。

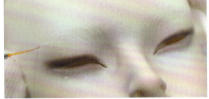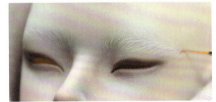

10 倒一点白墨液，加一些清水，混合调配好待用。

11 用美甲拉线笔蘸取刚才调好的白墨液，先画出眉毛的大体走向。

12 在大体走向的基础上添加更多的毛发细节。

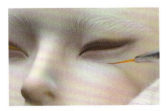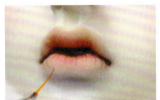

唇纹大体走向示意图

13 用胭脂色、蓝色调出褐色，在眼下画出褶皱。

14 用胭脂色、黄土色、蓝色调出红褐色，先用红褐色画出唇纹的大体走向。

15 在唇纹的大体走向上添加更多的线条细节。

16 在调好的红褐色中加入更多的胭脂色和黑色调出深红色，用美甲拉线笔加深嘴唇内侧的唇纹。

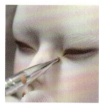

17 用小细节刷蘸取浅黄色色粉，刷在眼头，提亮眼头，再用短毛扁刷蘸取红色色粉，刷在内眼角。这一层就画好了，可以拿去喷消光了。

到此，喷上消光定妆。

第二层妆

01 用小圆头刷蘸取青色色粉，在眉弓骨和外眼角处刷色。

02 用小圆头刷蘸取黄色色粉，刷在颧骨两侧。

03 用平头扁刷蘸取暖灰色色粉，在嘴角处刷色，加深嘴角。

04 用长毛细节刷蘸取黄棕色色粉，刷在嘴唇外侧。

05 用长毛细节刷蘸取红色色粉，刷在嘴唇内侧。

06 用修剪过的细节刷蘸取深棕色色粉，加深眼线。

07 用长毛细节刷蘸取白色色粉，刷整个眉毛区域，再给睫毛区域打底。

08 倒一点白墨液，用美甲拉线笔再勾勒一遍画好的眉毛。

睫毛大体走向示意图

添加睫毛细节示意图

09 用美甲拉线笔蘸白墨液，画出睫毛的大体走向。

10 在睫毛大体走向上添加更多的毛发细节。

11 加粗睫毛根部。

⑫用平头扁刷蘸取青色色粉，刷出青筋。

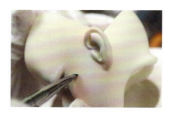
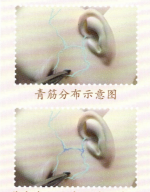

青筋分布示意图

⑬用平头扁刷蘸取紫色色粉，刷在青筋交叉的地方。

紫色色粉上色区域示意图

画好青筋后效果图

⑭用面相笔蘸取白色颜料，在上眼睑处勾画一条白色眼线。

到此，喷上消光定妆。

第三层妆

① 等第二层妆的消光干透后，用大刷子蘸取白色偏光魔镜粉扫全脸。

② 用圆头扁刷蘸取蓝色偏光魔镜粉，刷在眼下颧骨上方。

③ 用长毛细节刷蘸取黄色偏光魔镜粉，刷在眼头。

上完偏光魔镜粉后还需要喷一次消光定妆，不然偏光魔镜粉无法固定在脸上，消光不用喷得太厚，喷的时候距离娃远一点，薄薄地喷几次就行。

第四层妆

01 等第三层妆的消光干透后，就可以上光油了；用面相笔蘸取光油，涂在唇纹基本走向的位置。

02 准备白色的睫毛，用镊子夹住睫毛，与眼眶的长度进行对比，再剪去多余部分，最后薅掉睫毛根部原有的胶水，放在一边备用。

  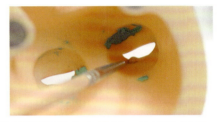

03 先将适量牛头白胶挤在硬质物体上，等牛头白胶稍微凝固后，用勾线笔挑起约黄豆大小的量，从娃头部内，由里向外均匀涂在上眼眶处。

04 用镊子夹起修剪好的睫毛，放入眼眶，再用镊子调整睫毛根部，将睫毛整体调低些；最后再挑一大块牛头白胶，从娃头内涂在刚刚贴好的睫毛根部，牛头白胶干透后就能牢牢固定住睫毛了。到此，妆面就完成了。

4. 络腮胡男性妆面

这个妆面的绘制重点有两个：一是画出浓密的毛发及络腮胡；二是表现成年男性较为粗糙的皮肤。

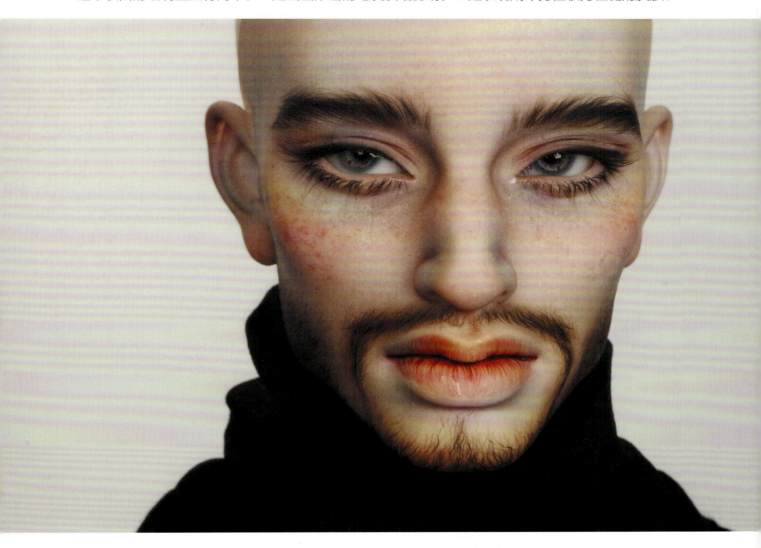

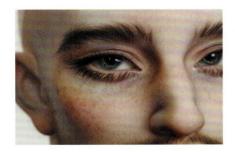

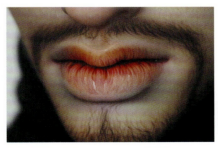

重肌理底妆的绘制已经讲过了，这里用相同的方法打底。

01 按前面讲过的步骤填好唇缝，并用白色色粉刷眉毛、睫毛所在区域。

02 用平头扁刷蘸取棕色色粉，刷出眉形。

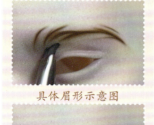

具体眉形示意图

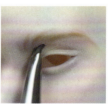

03 用平头扁刷蘸取深棕色色粉，加深眉毛的中后段。

加深部位示意图

男性的毛发颜色要深一些，用黄土色、岱赭色、黑色3种颜彩调色，颜色可以调深一些。

黄土色　　　　+　　　　岱赭色　　　　+　　　　黑色　　　　　　棕色

04 用美甲拉线笔蘸取调好的棕色，先画出眉毛的大致走向。

眉毛的大致走向示意图

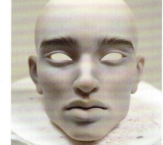

05 再在眉毛的大致走向上添加更多的毛发细节。

眉毛加深示意图

06 用圆头扁刷蘸取肉色色粉，在上下眼睑、脸颊和鼻尖的位置刷色。

07 用短毛扁刷蘸取棕色色粉，在上眼线的位置刷出一条上扬的眼线。

08 用修剪过的细节刷蘸取暖灰色色粉，在山根阴影及泪沟阴影处上色。

09 用小圆头刷蘸取黄色色粉，刷在泪沟下及山根阴影旁，与 08 步中刷的暖灰色色粉晕染均匀。

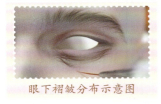

眼下褶皱分布示意图

10 用胭脂色、黄土色和蓝色调出红褐色，用美甲拉线笔在泪沟处画出眼下皱纹。

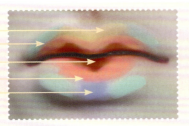

黄色上色区域
青色上色区域
红色上色区域
肉红色上色区域
蓝紫色上色区域

肉红色、蓝紫色、黄色、青色和红色色粉分布如图所示。
注意：因为这个娃的嘴唇很厚，有足够的空间容纳这么多颜色，所以才画得比较复杂，薄唇的娃可以适当减少些嘴唇颜色。

11 用圆头扁刷蘸取肉红色色粉，在嘴唇中间刷色。

12 用圆头扁刷蘸取蓝紫色色粉，在下唇的中下方刷色。

13 用圆头扁刷蘸取黄色色粉，刷在唇珠上方。

14 用圆头扁刷蘸取青色色粉，刷在嘴唇侧面的外缘处。

⓯用圆头扁刷蘸取红色色粉，在靠近唇缝的位置刷色。

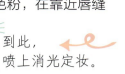  

到此，
喷上消光定妆。

第二层妆

等第一层妆的消光干透后，就可以开始画第二层妆了。先用白色色粉给所有需要画线的地方打底。

紫色、青色、黄色和粉色色粉的分布区域如图所示。

⓿❶用圆头扁刷蘸取紫色色粉，在泪沟、鼻翼处刷色。

⓿❷用圆头扁刷蘸取浅蓝色色粉，在泪沟下的紫色色粉涂抹处下方刷色。

⓿❸用小圆头刷蘸取青色色粉，刷在颧骨与下眼睑的中间位置。

  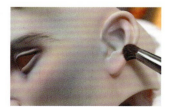 

⓿❹用小圆头刷蘸取粉色色粉，在两颊、上下眼睑的眼头部分、鼻头和耳垂的位置刷色，让肤色红润些。

05 用小圆头刷蘸取黄色色粉，刷在颧骨上。到此，皮肤的上色就完成了。

   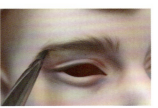 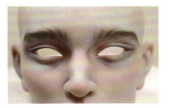

06 用平头扁刷蘸取棕色色粉，加深整个眉毛；再用平头扁刷蘸取深棕色色粉，加深眉毛的中后段。

 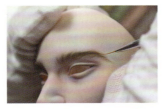  

睫毛大致走向示意图

07 用黄土色、岱赭色和黑色调出偏深的棕色，用美甲拉线笔蘸取调好的棕色，加深眉毛。

08 用美甲拉线笔先画出睫毛的大致走向。

睫毛加密示意图

09 根据睫毛的大致走向，添加更多的细小睫毛。

10 用勾线笔蘸取清水，侧锋擦掉睫毛根部的杂乱线条。

深棕色色粉

胡须上色区域示意图

11 用大圆头刷蘸取深棕色色粉，给男士刷上络腮胡。

12 调出深棕色，用勾线笔画出络腮胡区域内的短胡须。

13 为了让胡须显得浓密，可以再次叠画一层胡须，可以在调好的深棕色中再加一点黑色，让颜色更深，而且线条也可以更粗。

14 用圆头扁刷蘸取青色色粉，给嘴唇侧面的边缘上色。

15 用圆头扁刷蘸取蓝紫色色粉，给嘴角上色。

16 用长毛细节刷蘸取红色色粉，刷在唇缝周围。

17 用长毛细节刷蘸取黄色色粉，刷在唇珠上方。

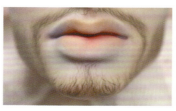

黄色上色区域
蓝紫色上色区域
红色上色区域
青色上色区域

嘴唇上色分布区域示意图

嘴唇的颜色为红，唇纹颜色比嘴唇颜色深，用黄土色、岱赭色、胭脂色调出唇纹的红褐色。

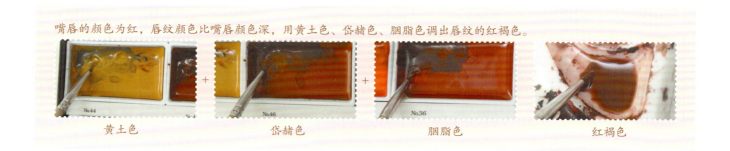

黄土色　　　　　　　　岱赭色　　　　　　　　胭脂色　　　　　　　　红褐色

⑱先用美甲拉线笔蘸取红褐色，
画出唇纹的基本走向。

唇纹加密示意图

到此，
喷上消光定妆。

⑲再在唇纹基本走向上添加更多的线条细节。

第三层妆

①用白色色粉给所有需要画线的地方打底。再用修剪过的细节刷蘸取深棕色色粉，加深眉毛，再着重加深眉毛的后半段。

②调出深棕色，再次加深整个眉毛和睫毛区域，眉尾和睫毛根部着重加深。

③用小圆头刷蘸取黄色
色粉，刷在胡须与脸颊
的交界处。

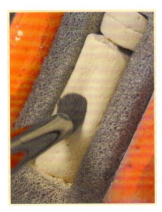

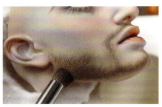

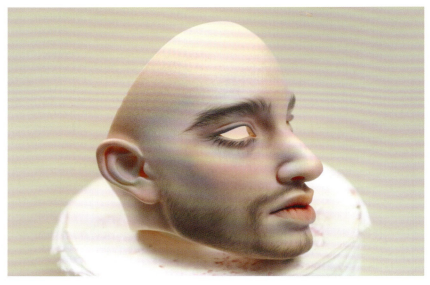

04 用大圆头刷蘸取深棕色色粉，在胡须较浓密的地方上色，如下颌线处。

05 调出深棕色，加深整个胡须的区域，着重加深下颌线区域

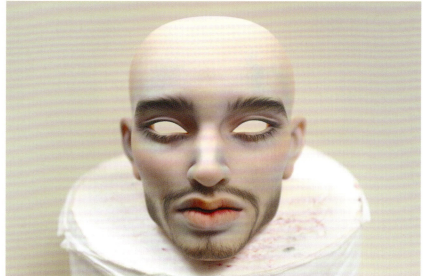

06 用短毛扁刷蘸取深棕色色粉，加深眼线。

 到此，喷上消光定妆。

第四层妆

01 等第三层妆的消光干透后，用液体丙烯调出红褐色，用美甲拉线笔勾画双眼皮褶子。

02 用美甲拉线笔蘸取黑色液体丙烯，接着加深眉毛的中后段，特别是毛发交叉处；再加深睫毛根部。

 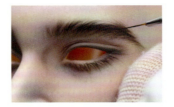 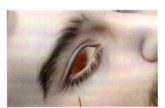

03 用勾线笔蘸取黑色液体丙烯，用描线的方式加深胡须的下半部分，特别是下颌线周围。

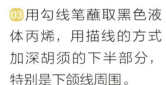

04 用黄色、红色和白色液体丙烯调出浅肉色，用榭得堂 00000 号面相笔蘸取调好的浅肉色，添加浅色唇纹。

浅色唇纹分布示意图

05 拿一根勾线笔，用剪刀把笔毛从中间剪断，再垂直用力压向桌面，把剩下的半截笔毛压成图中的样子，它就成了"肌理笔"。

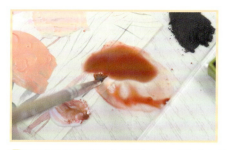  

06 用液体丙烯调出红棕色，用"肌理笔"蘸取少许液体丙烯，轻轻地戳在脸颊上，画出红棕色肌理。

 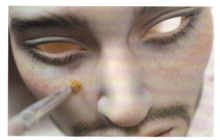 

07 同样地，用"肌理笔"蘸取淡黄色液体丙烯，轻轻戳在红棕色肌理上方，可以与红棕色肌理区域有些许重合。

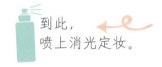

到此，喷上消光定妆。

第五层妆

 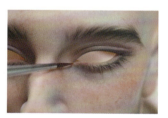 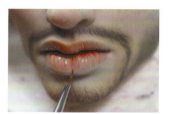 

01 等第四层妆的消光干透后，就可以上光油了。用面相笔蘸取光油，涂在下眼睑及唇纹的基本走向位置。

02 准备一副黑色的睫毛，用镊子夹住睫毛，与眼眶的长度进行对比，再剪去多余部分，最后薅掉睫毛根部原有的胶水，放在一边备用。

  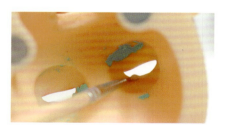

03 先将适量牛头白胶挤在硬质物体上，等牛头白胶稍微凝固后，用勾线笔挑起约黄豆大小的量，从娃头内，由里向外均匀涂在上眼眶处。

04 用镊子夹起修剪好的睫毛，放入眼眶，再稍微调整睫毛根部，让睫毛整体低一点，男性的睫毛不用太翘。

05 再挑一大块牛头白胶，从娃头内涂在刚刚贴好的睫毛根部，牛头白胶干透后就能牢牢固定住睫毛了。到此，这个妆面就完成了。

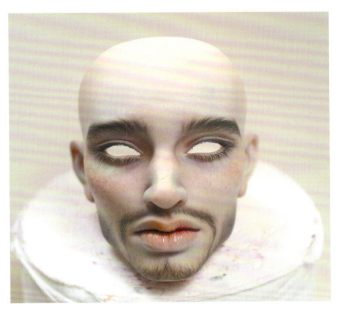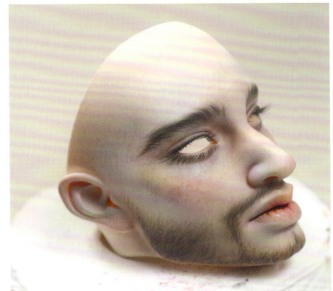

5. 欧美系浓妆美女妆面

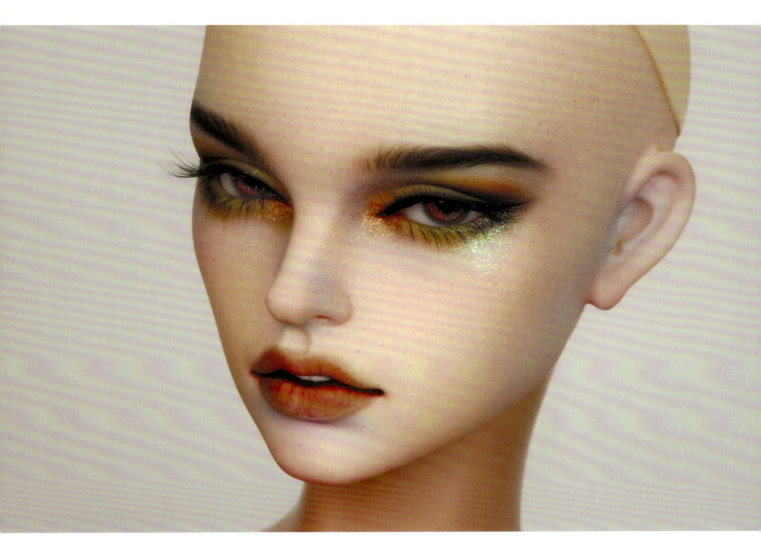

这个妆面的眼妆重，眼影为冷色系且表层加入偏光魔镜粉；唇妆颜色为哑光，不需要涂光油，用肉红色和暖灰色呈现渐变效果，并用暖灰色在唇线处明确唇形。

第一层妆

这个妆面也可以用重肌理底妆的绘制方法先打好底，再用白色色粉给需要画线的区域打好底。

01 用长毛细节刷蘸取绿色色粉，在上下眼睑处刷色。

02 用长毛细节刷蘸取棕色色粉，刷在双眼皮褶的上方和下眼睑后半段，边缘晕染均匀。

03 用长毛细节刷蘸取黄棕色色粉，刷在 02 步棕色色粉的周围，边缘晕染均匀。

04 用小细节刷蘸取亮黄色色粉，在上下眼睑的前半段刷色，并与周围的色粉晕染均匀。

05 用短毛扁刷蘸取黑色色粉，在上眼睑处刷出上扬的眼线。

06 用圆头扁刷蘸取红色色粉，在内眼角处刷色。

眼妆上色区域示意图

07 用修剪过的细节刷蘸取棕色色粉，刷出欧美妆中常见的上扬眉形。

08 用长毛细节刷蘸取灰色色粉，晕染眉头。

09 用修剪过的细节刷蘸取白色色粉，修整眉形，让眉毛看起来更利落。其作用类似橡皮擦，用来扫掉周围的棕色色粉。

10 用修剪过的细节刷蘸取黑色色粉，加深眉毛的中后段。

眉形及眉毛上色区域示意图

⑪直接用黑色颜彩画眉
毛，用美甲拉线笔先勾
出眉毛的基本走向。

眉毛基本走向

眉毛加密示意图

⑫在基本走向上添加更多的毛发细节。

嘴唇的上色区域示意图

⑬用平头扁刷蘸取暖灰色色粉，刷在整个嘴唇的外侧。

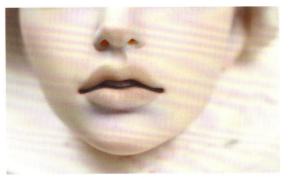

⑭用长毛细节刷蘸取肉红色色粉，刷在嘴唇内侧、唇缝周围，与 13 步中的暖灰色均匀晕染。

到此，
喷上消光定妆。

第二层妆

01 等第一层妆的消光干透后再上第二层妆，先用白色色粉刷需要画线处，再用平头扁刷蘸取深棕色色粉，加深整个眉毛。

02 用修剪过的细节刷蘸取黑色色粉，加深眉毛的中后段。

03 用小圆头刷蘸取暖棕色色粉，晕染眉头。

04 用修剪过的细节刷蘸取白色色粉，修整眉形，让眉毛看起来更利落。

05 第二层妆上眼影的工具和上色区域都和第一层妆一样，只是再加深下眼影即可。用长毛细节刷蘸取绿色色粉，刷在上下眼睑处。

06 用长毛细节刷蘸取棕色色粉，在双眼皮褶的上方和下眼睑的后半段刷色，边缘晕染均匀。

07 用长毛细节刷蘸取黄棕色色粉，扫在 06 步棕色色粉的周围，边缘晕染均匀。

08 用小细节刷蘸取亮黄色色粉，在上下眼睑的前半段刷色，并与周围的色粉晕染均匀。

09 用短毛扁刷蘸取黑色色粉，加深上眼睑，在外眼角处微微向上刷。

10 用圆头扁刷蘸取红色色粉，刷在内眼角处。

 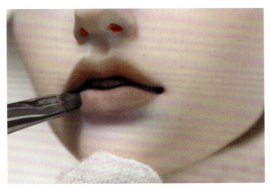

11 用圆头扁刷蘸取暖灰色色粉，刷在嘴唇的外侧。

  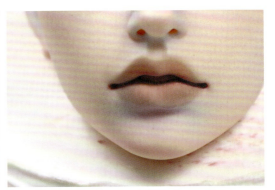

12 用长毛细节刷蘸取肉红色色粉，刷在嘴唇内侧，将暖灰色与肉红色均匀晕染。

⓭用颜彩调出深棕色，作为加深眉毛和画睫毛的颜料。用美甲拉线笔蘸取深棕色颜彩，加深整个眉毛，再着重加深眉尾。

眉毛基本走向示意图

⓮不换笔继续画睫毛，先画出睫毛的基本走向。

眉毛加密示意图

⓯在睫毛基本走向的基础上继续加密睫毛。

唇纹基本走向示意图

⓰用颜彩调出画唇纹的红棕色，先用美甲拉线笔蘸取红棕色，勾出唇纹的基本走向。

唇纹加密示意图

⓱在唇纹基本走向上添加更多的线条，线条画得细且浅一些。

到此，喷上消光定妆。

第三层妆

01 等第二层妆的消光干透后，开始上第三层妆。挤出一点黑色液体丙烯，用美甲拉线笔蘸取液体丙烯，加深眉毛的中后段，特别是毛发交叉的地方；再加深睫毛的根部。

02 用面相笔蘸取黑色液体丙烯，画一个上扬的眼线；再用干净的面相笔蘸取白色液体丙烯，把小牙涂白。

到此，
喷上消光定妆。

第四层妆

01 等第三层妆的消光干透后开始上第四层妆。用圆头扁刷蘸取绿色偏光魔镜粉，刷在颧骨上方。

02 用长毛细节刷蘸取黄色偏光魔镜粉，刷在内眼角。

到此，
喷上消光定妆。

上完偏光魔镜粉后还需要喷一次消光定妆，不然偏光魔镜粉无法固定在脸上，消光不用喷得太厚，喷的时候距离娃远一点，薄薄地喷几次就行。

01 准备一副黑色的睫毛，用镊子夹住睫毛，与眼眶的长度进行对比，再剪去多余部分，最后薅掉睫毛根部原有的胶水，放在一边备用。

02 先将适量牛头白胶挤在硬质物体上，待牛头白胶稍微凝固后，用勾线笔挑起约黄豆大小的量，从娃头内，由里向外均匀涂在上眼眶处。

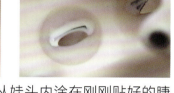

03 用镊子夹起修剪好的睫毛，放入眼眶，用镊子调整睫毛根部，睫毛整体向上翘些。

04 挑一大块牛头白胶，从娃头内涂在刚刚贴好的睫毛根部，牛头白胶干透后就能牢牢固定住睫毛了。到此，妆面就完成了。

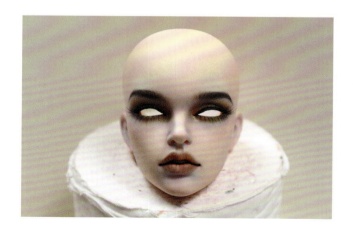

Chapter 05

特殊妆面

    特殊妆面的上妆过程和重肌理妆面大致相同，只是这类妆面会用到其他的材料和工具，如美甲贴纸、装饰钻和珍珠贴片等，以此来呈现特殊妆面效果。

梦幻人鱼妆面

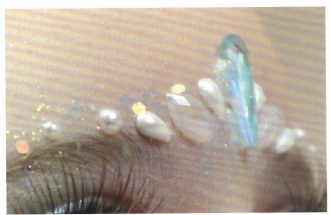

这个妆面的特点是娃脸部的珠光鱼鳞和碎钻装饰，在此案例中会讲解如何用美甲贴纸制作渐变的珠光鱼鳞，以及贴面部装饰的方法。

底妆效果

此娃的底妆是重肌理底妆，这种底妆在 Chapter 04 讲过了，可以参考对应章节。

01 用大圆头刷蘸取青色色粉，在眉弓骨及颧骨上方刷色，刷色时可以稍微用点力，让颜色深些。

02 用小圆头刷蘸取蓝紫色色粉，在眼窝、唇底和鼻翼处刷色，同样地，刷色时可以用点力。

03 用大圆头刷蘸取淡紫色色粉，刷出两颊腮红。

04 用长毛细节刷蘸取粉色色粉，在上下眼睑、鼻尖和下巴处刷色。

第一层妆，青色、蓝紫色、淡紫色、粉色上色区域示意图

注意，人鱼妆面脸上的冷色比普通重肌理妆面更多、更明显，所以上冷色时可以稍微用点力。

   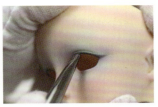 

05 用小圆头刷蘸取天蓝色色粉，在眼皮中后段刷色，作为眼影。

06 用短毛扁刷蘸取蓝黑色色粉，在上眼线处刷色，刷眼尾时略向上倾，画出一条上扬的眼线。

07 用圆头扁刷蘸取暖灰色色粉，在山根和卧蚕处刷色，画出阴影。

08 用长毛细节刷蘸取肉色色粉，将 07 步画的山根、卧蚕的阴影边缘晕染均匀。

09 用小细节刷蘸取浅黄色色粉，提亮眼头和卧蚕。

  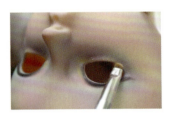

10 用圆头扁刷蘸取红色色粉，刷在内外眼角处，但应刷得淡一些。

11 用圆头扁刷蘸取深红色色粉，从唇缝处开始刷色。

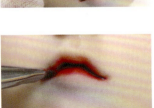 

12 再用圆头扁刷蘸取淡紫色色粉，从嘴唇外侧开始向内侧刷色，将嘴唇内侧的颜色晕染均匀。

眉形示意图

⓭用平头扁刷蘸取浅灰色色粉，刷出较细的平眉。

眉毛基本走向示意图

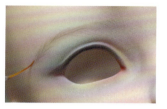

⓮用颜彩调出颜色较淡的冷棕色画眉毛，先用美甲拉线笔画出眉毛的基本走向。

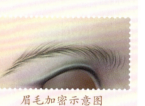

眉毛加密示意图

⓯再在基本走向上添加眉毛，让眉毛有层次。

眼睛皱纹示意图

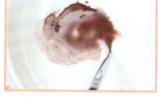

⓰用颜彩调出颜色较淡的红褐色画皱纹，用美甲拉线笔在双眼皮和眼下泪沟处画出细小皱纹。

唇纹基本走向示意图

⓱用颜彩调出红色画唇纹，先用美甲拉线笔由唇缝分别向上下两侧画出唇纹的基本走向。

唇纹加密示意图

⓲再在唇纹的基本走向上添加更多的线条，这些线条要画得细且淡。

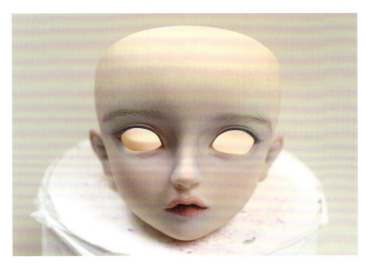

到此，
喷上消光定妆。

第二层妆

01 待第一层妆的消光干透后，用长毛细节刷蘸取天蓝色色粉，晕染上眼皮，颜色要染得深一些。

02 用长毛细节刷蘸取黄色色粉，晕染在 01 步天蓝色色粉的上方。

 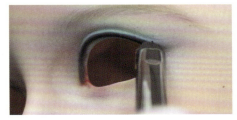 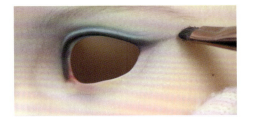

03 用短毛扁刷蘸取蓝黑色色粉，再次加深眼线，眼尾要上扬。

04 用长毛细节刷蘸取暖灰色色粉，加深双眼皮阴影。

05 用小细节刷蘸取浅黄色色粉，提亮眼头及卧蚕。

06 用圆头扁刷蘸取红色色粉，刷在内外眼角处，但是不要刷得太多。

 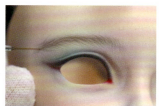

07 用颜彩调出灰棕色，加深眉毛线条。

   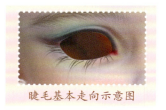

睫毛基本走向示意图

08 用颜彩调出较深的棕色，先用美甲拉线笔画出睫毛的基本走向。

睫毛加密示意图

09 再在基本走向上添加更多的线条细节。

10 用勾线笔蘸清水，侧锋擦掉睫毛根部杂乱的线条。

提示

最后需要加深眉毛中后段，描线方向分两个，先从下向上画弧线，再从上向下描线，让两组线在中间聚拢，形成有层次的眉毛。

11 用长毛细节刷蘸取深红色色粉，在唇缝周围刷色，让嘴唇内侧的颜色变深。

  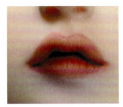  

⑫用长毛细节刷蘸取黄色色粉，刷在嘴唇外侧，和11步中的深红色色粉晕染均匀。

到此，
喷上消光定妆。

第三层妆

等第二层妆的消光干透后，需在脸部制作出渐变的有偏色、偏光效果的透明珠光鱼鳞纹理。制作鱼鳞纹理需用到喷笔、偏光珠光模型漆和鱼鳞形镂空美甲贴纸。

①先将美甲贴纸修剪合适，贴在颧骨两侧、眉弓骨中后段和额头上。

粉色、蓝紫色、黄色珠光模型漆分布示意图

②用喷笔将粉色、蓝紫色、黄色的珠光模型漆喷在颧骨、眉弓骨、眉头周围。

③等珠光模型漆干透后将贴纸取下，脸部的鱼鳞纹理就形成了。

上完偏光魔镜粉后还需要喷一次消光定妆，不然偏光魔镜粉无法固定在脸上。消光不用喷得太厚，喷的时候距离娃远一点儿，薄薄地喷几次就行。

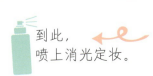
到此，
喷上消光定妆。

④接下来在卧蚕、眼头和眼尾处分别扫上蓝色、黄色、绿色偏光魔镜粉。其中蓝色偏光魔镜粉扫在卧蚕，黄色偏光魔镜粉扫在眼头，绿色偏光魔镜粉扫在眼尾。

  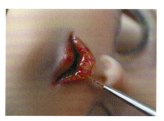 

01 等第三层妆的消光干透后，就可以上光油了。用面相笔蘸取光油，涂在下眼睑处和唇纹的基本走向上。

眉心：水滴珍珠贴片、平底马眼装饰钻、平底水滴装饰钻

眉毛上方：半圆珍珠贴片

眼睛下方：平底马眼装饰钻、平底水滴装饰钻、半圆珍珠贴片

02 选好装饰钻和珍珠贴片，先在桌上规划好其在脸部的排列位置，预想贴上脸的效果。

 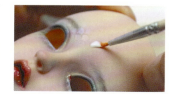 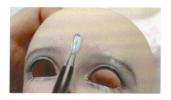
 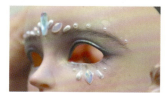 

03 再用勾线笔蘸牛头白胶，刷在脸上需要贴装饰钻和珍珠贴片的地方，人鱼妆面的装饰一般在额头和眼下颧骨处。涂好牛头白胶后，用镊子将装饰钻和珍珠贴片按之前规划好的排列位置贴牢。

04 在牛头白胶里加一些美甲亮片，让牛头白胶充分包裹美甲亮片后，再用勾线笔挑起亮片，均匀涂抹在 03 步贴好的装饰周围。

05 牛头白胶干后不会留下痕迹，可以很好地将粘贴好的装饰钻和珍珠贴片固定在娃头上。

这个人鱼妆面一共要贴4层不同颜色的睫毛。按照眼眶长度，将4对睫毛修剪好，并薅掉睫毛上的胶水，放一边备用。每层睫毛不要完全重合在一起，要给每层睫毛都留点空间，眼眶大的娃可以这样操作，要是眼眶较小的则可以适当减少睫毛的层数。

第一层棕黑混色的睫毛　　　　第二层黑色的睫毛　　　　第三层黄色的睫毛　　　　第四层白色的睫毛

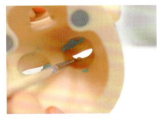

06 第一层贴棕黑混色的睫毛。先将牛头白胶挤出，待稍微凝固，用勾线笔挑起约黄豆大小的牛头白胶，从娃头内，由里向外均匀涂在上眼眶处；用镊子夹起棕黑混色的睫毛放入眼眶，稍微调整睫毛根部，让睫毛整体更翘。

07 待牛头白胶干后贴第二层黑色的睫毛，在第一层的睫毛根部涂抹牛头白胶；用镊子夹起黑色睫毛放入眼眶，可以将第二层睫毛压得比第一层稍低一些，让睫毛整体更有层次。

08 用相同的方法贴第三层黄色的睫毛，第三层睫毛要比第二层稍低一些。

09 贴第四层白色的睫毛，依旧在睫毛根部涂牛头白胶，用镊子夹起把白色睫毛贴在眼眶，白色睫毛也需压低。到此，睫毛由上到下分出4层。

10 最后挑一大块牛头白胶，从娃头内部，在睫毛根部涂上牛头白胶，牛头白胶干后睫毛也就固定好了。到此，人鱼妆面就完成了。

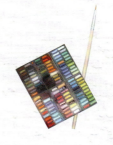

Chapter 06

树脂眼制作教程

树脂眼的制作分 4 个板块，分别是倒模、刻眼瞳花纹、给眼瞳上色、UV 胶滴弧和封底。接下来以制作 3 种风格的树脂眼为例，讲解这 4 个板块所需工具及操作方法。

倒模所需工具与材料

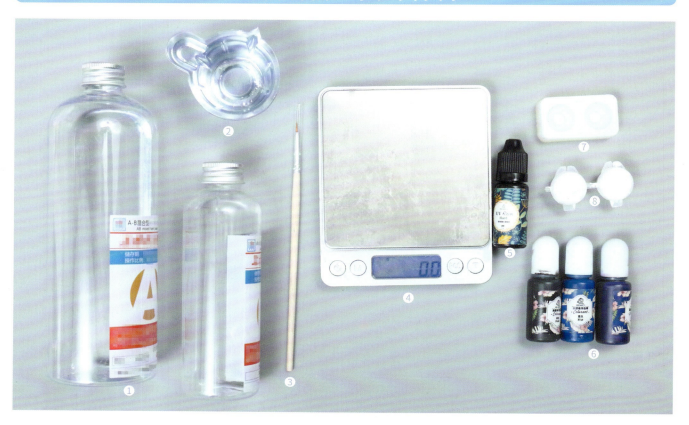

① AB 水晶滴胶
调和后用于倒模，需要注意的是 AB 水晶滴胶（以下简称 AB 胶）的比例是 3：1

② 一次性调胶杯
用于盛放、调和 AB 胶

③ 勾线笔
用于调和 AB 胶，上色精和偏光魔镜粉，除去气泡

④ 厨房秤
用于称取一定重量的 AB 胶

⑤ UV 胶
用于填充眼纹间的缝隙，调和偏光魔镜粉和色精，滴弧，封层

⑥ 色精
加深树脂眼眼纹的纹理，和 UV 胶调和画色圈

⑦ 树脂眼模具
用来制作树脂眼的底座

⑧ 色膏
和 AB 胶调和，使 AB 胶变白

刻眼瞳花纹所需工具与材料

① 丸棒
小型丸棒用于找准虹膜中心位置，轻戳油泥制作瞳孔；中型丸棒用于按压油泥制作虹膜；大型丸棒用于按压油泥形成眼瞳

② 笔刀
用于雕刻树脂眼的精细眼纹

③ 雕刻刀
用于按压树脂眼形成眼纹

④ 塑料刮片
刮掉按压树脂眼后溢出的油泥

⑤ 白色油泥
雕刻树脂眼眼瞳的纹路

给眼瞳上色所需工具与材料

① 色粉
给眼瞳上色，只买自己
需要的单根色粉也行

② 修剪过的细节刷
蘸取色粉给眼瞳上色

③ 圆头扁刷
蘸取色粉给眼瞳上色

刻眼瞳花纹所需工具与材料

① 丸棒
小型丸棒用于找准虹膜中心位置，轻戳油泥制作瞳孔；中型丸棒用于按压油泥制作虹膜；大型丸棒用于按压油泥形成眼瞳

② 笔刀
用于雕刻树脂眼的精细眼纹

③ 雕刻刀
用于按压树脂眼形成眼纹

④ 塑料刮片
刮掉按压树脂眼后溢出的油泥

⑤ 白色油泥
雕刻树脂眼眼瞳的纹路

给眼瞳上色所需工具与材料

① 色粉
给眼瞳上色，只买自己
需要的单根色粉也行

② 修剪过的细节刷
蘸取色粉给眼瞳上色

③ 圆头扁刷
蘸取色粉给眼瞳上色

用于清除眼膜底部的灰尘、把树脂眼固定在棉签或圆柱小木块上

用于点下模坑、添加光魔镜粉、高光、封层时用的 UV 胶

2. 倒模制作眼珠模型

画虹膜边缘线

01 分别将黑色、蓝色、紫色 3 种色精滴入调胶板中。

02 先准备两个一次性调胶杯，分别倒入 UV 胶，其中一杯倒多一点，另外一杯倒少一点。在 UV 胶多的一次性调胶杯中加入白色、蓝色和少许紫色色精，调和均匀得到浅蓝紫色；在 UV 胶少的一次性调胶杯中加入白色、黑色和少许蓝色、紫色色精，调和成深灰色。

03 用勾线笔蘸取一些深灰色 UV 胶，绕着虹膜边缘画一圈，这是色圈的第一圈，线尽量画得细一点。第一圈上好色后用光疗机照 5 分钟即可。

04 第二圈用勾线笔蘸取浅蓝紫色 UV 胶，在虹膜边缘画一圈，这一圈画得比第一圈稍微宽一些。同样地，用光疗机照 5 分钟，画好以后色圈看上去会有渐变效果。

倒模眼球

01 准备 AB 胶，注意 A 胶与 B 胶的比例是 3:1，先把一次性调胶杯放到归零的厨房秤上，在一次性调胶杯中倒入 B 胶，厨房秤显示数值为 40g 时停止倒入。

02 将厨房秤归零，再倒入 A 胶，当数值到达 120 时停止倒入。

03 用勾线笔蘸取白色色膏，放入 AB 胶中调和，让 AB 胶和白色色膏融合均匀即可。

04 将画好虹膜边缘线的树脂眼模具拿出来，把 03 步中调和好的胶倒入模具中。倒模的时候一定要注意不要产生气泡，倒好后静置 24 小时左右，具体时间根据气温来定，待胶完全固化就可以取出了。

3. 刻眼瞳花纹

第一种
第二种
第三种

第一种：碗状凹形花纹　　第二种：圆形环 360° 径向花纹　　第三种：直线双环 360° 径向花纹

第一种眼瞳花纹制作

在圆柱小木块上涂一点万能黏土，再将眼底放在黏土上面固定好，方便刻眼瞳花纹时握拿。

01 切下一小块油泥，用手指反复按压，让油泥变软，再将其放进眼底。

02 用大型丸棒按压油泥，将其按压成如碗底的形状。

03 溢出的油泥用塑料刮刀刮掉。

04 再重新用大型丸棒按压，将油泥压成碗底的样子。

第二种眼瞳花纹制作

01 先将油泥按第一种眼瞳花纹制作步骤按压成如碗底的形状，再用小型丸棒在虹膜周围按压，按压出一圈小圆形纹理。

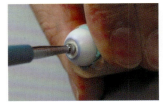   

02 接着用中型丸棒按压中心凹陷处，最后用小型丸棒在中心位置按压出瞳孔。

第三种眼瞳花纹制作

01 先按第一种眼瞳花纹制作的步骤将油泥按压成如碗底的形状，再用雕刻刀沿着虹膜边缘一点一点地挖出一个外圈，注意不要挖太多出来。

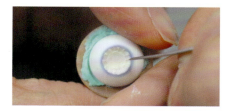  

02 用雕刻刀尖锐一端的侧面沿着刚刚挖出的痕迹一刀一刀地按压，按出丝状纹理。

03 用小型丸棒确定中心位置，按压形成瞳孔，用笔刀一刀一刀地以瞳孔为中心，将最里面的一圈虹膜划分均匀。

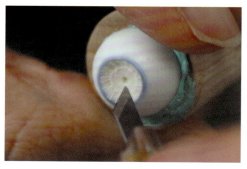 

04 用雕刻刀尖锐一端的侧面沿着刀痕一刀一刀地刻，刻出丝状纹理，注意不要破坏最外一圈的纹理。

4. 给眼瞳上色

右图左边的细节刷是经过修剪的（用线剪把刷毛两边剪掉一点，中间留一撮很细的毛），右边的是圆头扁刷。上色粉的时候这两种刷子会用到。

第一种眼瞳上色

01 用圆头扁刷给眼瞳油泥上色，刷尖蘸取青色色粉，给虹膜 1/2 的部分上色。

02 用圆头扁刷蘸取粉色色粉，给剩下的 1/2 部分上色。

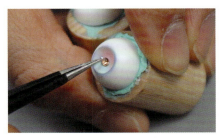

03 选择一个大小合适的橙色小钻当作瞳孔，放入之前在虹膜中心按压好的小洞里，注意瞳孔一定要在中心位置。

01 用修剪过的细节刷蘸取深蓝色色粉，在眼珠中心位置上色。

02 用修剪过的细节刷蘸取青色色粉，给外圈虹膜大概 3/4 的部分上色。

03 用修剪过的细节刷蘸取黄色色粉，在剩下的虹膜 1/4 的部分上色，并与青色色粉和深蓝色色粉晕染均匀。

04 选取大小合适的黑色小钻，用镊子夹起，将其放在眼球中心位置。

第三种眼瞳上色

01 用修剪过的细节刷蘸取橘黄色色粉，给眼球中心位置上色。

02 用修剪过的细节刷蘸取绿色色粉，涂虹膜 3/4 的部分。

 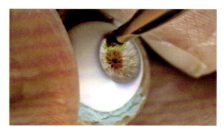

03 再用修剪过的细节刷蘸取黄色色粉，涂在虹膜剩下的 1/4 的部分，将绿色色粉和黄色色粉晕染均匀。

04 选取大小合适的黑色小钻，用镊子夹起，放在眼球中心位置。

5. UV 胶滴弧和封层

填平眼瞳方式一

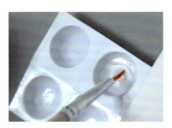

01 将 UV 胶倒入调胶板中，用勾线笔蘸取 UV 胶，先填平眼瞳。

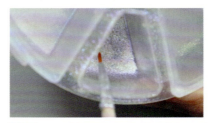

02 填完后用光疗机照射 30 秒即可。

03 用勾线笔蘸取适量紫色和粉色偏光魔镜粉，放入调胶板中的 UV 胶中，搅拌均匀。

04 用勾线笔蘸取带有偏光魔镜粉的 UV 胶，均匀涂抹在眼瞳。上偏光魔镜粉的时候注意偏光魔镜粉会往低处流动，所以涂了偏光魔镜粉后马上就要用光疗机照射 30 秒。

填平眼瞳方式二

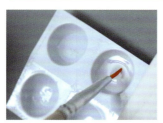

01 用勾线笔蘸取 UV 胶，先将瞳孔覆盖，注意，不需要覆盖虹膜其他部分，覆盖后用光疗机照 30 秒。

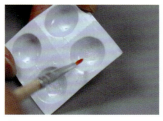

02 再在调胶板中的 UV 胶中加入银色和蓝色偏光魔镜粉，混合均匀后用勾线笔将调好的 UV 胶涂满虹膜区域，涂后放入光疗机照 30 秒。

填平眼瞳方式三

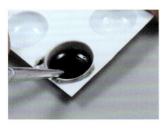

01 在调胶板中倒入 UV 胶，用勾线笔蘸取黑色色精，加入 UV 胶中混合均匀。蘸取一些调和好的 UV 胶涂抹瞳孔。再用勾线笔将瞳孔的深色 UV 胶涂抹进所有虹膜的缝隙中。注意不要让深色 UV 胶遮盖住色粉的颜色，深色 UV 胶的作用只是让虹膜看上去更清晰、更明显。

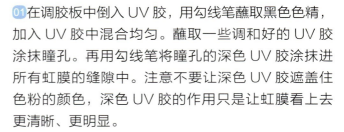

02 将填好虹膜缝隙的眼球放进光疗机照 30 秒。

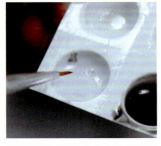

03 用勾线笔蘸取 UV 胶填充眼瞳，再放进光疗机照射。注意这种风格的眼睛不需要偏光魔镜粉。

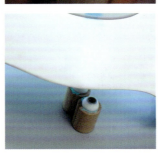

滴弧

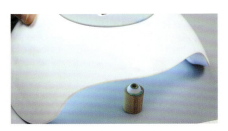

滴弧需要注意的是过程中会产生一些小气泡，用勾线笔挑去就可以，弧度不用太高，合适就可以。滴完在确保没有气泡后立即放入光疗机中照射 2 分钟。

封层

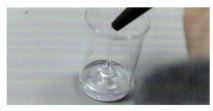

01 用加热杯垫加热装在小号玻璃烧杯里的 UV 胶，让 UV 胶变稀。加热的时候可以拿一个一次性调胶杯反扣盖住小号玻璃杯，因为 UV 胶加热时产生的气味很不好闻。

02 拿出棉签斜着剪去一半，再剪去有棉花的一端；将万能黏土黏在原本有棉花的一端。

03 将滴完弧的眼睛粘在万能黏土上面；用镊子夹住棉签尾部，将眼瞳浸入 UV 胶里，可以让 UV 胶稍微没过眼瞳，再缓缓拿起来检查有没有气泡，有的话用勾线笔挑去，如果不饱满则可以再封一下。

04 把光疗机倒放，握着倒置的眼球照 20 秒就可以了。将封好层的眼珠一排排插入擦擦，再放进光疗机批量照射 10 分钟，如果还有点沾手，则再照久一点，不沾手时就可以拿出来了。

第一种树脂眼效果

第二种树脂眼效果

第三种树脂眼效果

后记

祝大家玩娃愉快，化娃妆愉快！切记，一定一定不要买盗版娃头哦！

天霸

2020 年 5 月